出題傾向まるわかり

ワインの
試験問題集
2020/21

斉藤研一 [著]

本 書 の 使 い 方

　左ページに問題、右ページに解説を掲載しています。解答とともに
出題頻度、難易度も示しています。難易度は付随する暗記があるなど
学習量が多いものを3、単純に記憶だけで解答できる問題を1としてい
ます。出題頻度は目安として、頻出のものを3、多出のものを2、
出題が想定されるものを1としています。　また、解説は『日本ソム
リエ協会 教本』に準じています。チェック欄は、学習の進み具合の
チェックにお使いください。

はじめに

　本書は、問題を解きながらワインの知識を習得していくという目的でまとめられました。読者の皆様は、本書の問題を解き進め、解説を読むうちに、効率的にワインの知識を蓄えられるようになります。

　ある程度の学習を進めている方は、まずは問題を解くことで、学習の足りていない範囲を把握し、その後の学習指針としてください。一方、これから学習を始めようという方は、まずは問題と解説を読み比べながら本書を読破し、改めて問題を解いてみてください。いずれにせよ、反復を行うことで、飛躍的に解答力が向上します。

　この数年、消費動向に呼応するかたちで、出題範囲や難易度が徐々に変化してきました。しかし、近年の過去問題を振り返ると、変化が見られる中にも、同一問題や類似問題が繰り返して出題される傾向があります。2018年、（一社）日本ソムリエ協会　呼称資格認定試験は、長い歴史の中で最も大きな改革を行いました。従来の統一マークシート式の筆記試験を廃止し、CBTと呼ばれるコンピュータを利用した試験が導入されました。

　とはいえ、試験形式に大きな変化があったとしても、先に述べた傾向は大きく変わっていません。つまり、過去問題の反復こそが合格への最短距離であるということです。そして、掲載問題すべてが正答できるようになれば、十分な合格ラインに達していると言えます。

　本書は持ちやすいようなハンディサイズにまとめました。著者としては、読者の皆様が本書を常に携行してくださり、もっとも身近な教材として試験に臨んでいただけることを望んでいます。

斉藤研一

目次 c o n t e n t s

The Workbook for the Certified Sommelier, Wine Adviser & Wine Expert Examination

Chapter 4

ワイン産地／ニューワールド

Chapter 5

ワインと料理

Chapter 6

その他
（販売、鑑賞表現、サービスほか）

Chapter 1

Part1 ワイン概論

001
ワインはぶどう果汁の糖分を、酵母のアルコール発酵によってエチルアルコールと何に変えられた飲料か１つ選んでください。
❶ 二酸化炭素
❷ 二酸化硫黄
❸ 二酸化窒素

002
ワインの有機酸の中で最も量の多いものを１つ選んでください。
❶ コハク酸
❷ クエン酸
❸ 酒石酸

003
発酵によって生成される酸を１つ選んでください。
❶ コハク酸
❷ リンゴ酸
❸ クエン酸
❹ 酒石酸

004
ワインの第２アロマは何から由来するか１つ選んでください。
❶ ぶどう品種
❷ 木樽熟成
❸ アルコール発酵
❹ 瓶内二次発酵

005
最近話題に上るワイン中に含有されるリスベラトロール（Resveratrol）に関する記述の中から、誤っているものを１つ選んでください。
❶ ぶどうのファイトアレキシンと言われる物質の一種である
❷ 多くは果皮に存在する
❸ ポリフェノールの一種である
❹ 白ワインにも赤ワインと同じ程度含有されている

酒類飲料概論

学習を始めるにあたり、酒類の分類やワインの特徴などを把握します。以前は栽培や醸造に関するきわめて難易度の高い出題が多くありました。近年はこれらの出題数や難易度が抑えられている一方、その他の飲料に関する出題が増えており、幅広い学習が求められています。

001

難易度 ■□□
出題頻度 ■■□
Check 1 2 3

【科学】ワインはぶどうの果汁に含まれる糖分を、酵母のアルコール発酵によりエチルアルコールと二酸化炭素に変えた飲料です。1815年にフランスの化学者・物理学者ジョゼフ・ルイ・ゲイ=リュサックが発酵の化学式（$C_6H_{12}O_6 → 2C_2H_5OH + 2CO_2$）を構築しました。その後、フランスの生化学者ルイ・パストゥールは発酵が酵母によって起こされることをつきとめ、発酵のメカニズムを解明しました。

002

難易度 ■■□
出題頻度 ■■■
Check 1 2 3

【科学】ワインの中で最も多く含まれる有機酸は酒石酸です。カリウムなどと結合してできる酒石酸塩の結晶は、キラキラと輝くことから「ワインの宝石」とたとえられたりします。また、貴腐ワインにはガラクチュロン酸が含まれており、これは熟成中に酸化されて粘液酸となり、さらにカルシウムと結合して粘液酸カルシウムという白い結晶となります。いずれも摂取しても害はありません。

003

難易度 ■■■
出題頻度 ■■■
Check 1 2 3

【科学】ぶどうはさまざまな有機酸を多量に含んでおり、それらはワインにも移行します。ワインに含まれる有機酸のうち、ぶどうに由来するものは酒石酸、リンゴ酸、クエン酸などです。一方、発酵により生成したものはコハク酸、乳酸、酢酸など。乳酸はマロラクティック発酵と呼ばれる工程で得られるもので、乳酸菌によりリンゴ酸が乳酸と二酸化炭素に分解されます。酢酸はエチルアルコールが酢酸菌により分解されたものになります。

004

難易度 ■■□
出題頻度 ■■□
Check 1 2 3

【科学】第1アロマは「品種特性香」とも言われ、ぶどう品種に由来する香りを指します。第2アロマは発酵工程で酵母や乳酸菌が生成する香りを指します。また、第3アロマは「ブーケ」あるいは「熟成香」とも呼ばれ、発酵終了後にタンクや樽で貯蔵中に生成する香りを指します。マスカットやゲヴュルツトラミネール、ヴィオニエなど、ぶどうの香りがそのままワインに移行するものをアロマティック品種と呼びます。

005

難易度 ■■□
出題頻度 ■■□
Check 1 2 3

【科学】ポリフェノール類のひとつであるリスベラトロールは、ファイトアレキシンとも言われる物質で、ぶどうがカビに汚染されると自分を守るために造られます。果皮に含まれており、抗カビ活性があります。ポリフェノール類は活性酸素消去能があり、ぶどうの果皮や種子に含まれています。とくに黒ぶどうの果皮に多く含まれており、カベルネ・ソーヴィニヨンやネッビオーロの活性酸素消去能がとくに高いと言われます。

---

006 「よき料理、よきワインがあればこの世は天国」と言った人物を1人選んでください。
❶ ルイ・パストゥール
❷ ブリア・サヴァラン
❸ アンリ4世
❹ ポール・セザンヌ

007 ドイツでPerlweinの区分に該当するものを1つ選んでください。
❶ 弱発泡性ワイン
❷ 酒精強化ワイン
❸ 貴腐ワイン
❹ フレーヴァードワイン

008 ピノー・デ・シャラントの醸造法による分類を1つ選んでください。
❶ スティルワイン
❷ スパークリングワイン
❸ フォーティファイドワイン
❹ フレーヴァードワイン

009 欧州連合（EU）におけるワインの品質分類（2009年産以降）に関して、誤りのあるものを1つ選んでください。
❶「地理的表示のあるワイン」は「原産地呼称保護」と「地理的表示保護」の2つがある
❷「原産地呼称保護」は指定地域内で栽培されたぶどうのみで醸造する
❸「地理的表示保護」は指定地域内で栽培されたぶどうを85%以上使用する
❹「地理的表示保護」はヴィティス・ヴィニフェラ種のぶどうのみを原料とする

010 EU加盟国におけるワイン法による品質分類（地理的表示のあるワイン）において、ラベル表記義務記載事項とされているものを1つ選んでください。
❶ 原産地
❷ 原料のぶどう品種
❸ 収穫年
❹ 生産方法に関する記述

011 欧州連合（EU）が定めるスパークリングワインの残糖量の表示において、残糖量が12g/ℓ未満とされるものを1つ選んでください。
❶ Brut
❷ Brut Nature
❸ Extra Brut
❹ Moelleux

006 ❸

難易度 ■■□
出題頻度 ■■□
Check 1 2 3

【歴史】ルイ・パストゥールは発酵のメカニズムを解明した生化学者。ブリア・サヴァラン（ジャン・アンテルム・ブリア＝サヴァラン）は法律家であるとともに、エッセイ『美味礼讃』を記した美食家で、高脂肪分の白カビチーズにも名を残しています。アンリ4世はブルボン朝の初代王で、宗教戦争を終結させた功績から「大アンリ」「良王アンリ」と呼ばれます。ポール・セザンヌは20世紀美術に大きな影響を与えた画家で、「近代絵画の父」と呼ばれています。

007 ❶

難易度 ■■□
出題頻度 ■■□
Check 1 2 3

【種類】一般的には3気圧以上のガス圧を持つものをスパークリングワイン、それに満たないものを弱発泡性ワインと呼びます。フランスのペティヤン（Pétillant）やドイツのペールヴァイン（Perlwein）、イタリアのフリッツァンテ（Frizzante）などがあります。また、瓶内二次発酵によるスパークリングワインには、フランスやドイツのクレマン（Crémant）のほか、スペインのカバ（Cava）や南アフリカのキャップクラシック（Cap Classic）などがあります。

008 ❸

難易度 ■■■
出題頻度 ■■■
Check 1 2 3

【種類】フォーティファイドワイン（酒精強化酒）は、醸造工程中にブランデーを添加して、アルコール度数を15〜22度程度まで高めたもの。世界三大酒精強化酒のシェリーやポルト、マデイラが有名です。その他、マルサラ、ヴァン・ドゥー・ナチュレルやヴァン・ド・リキュールがあります。フレーヴァードワインはワインに果実や薬草などを加えたもので、白ワインにニガヨモギを漬け込んだヴェルモット、松脂を加えたレッツィーナ、柑橘類の果汁を加えたサングリアなどがあります。

009 ❹

難易度 ■■■
出題頻度 ■□□
Check 1 2 3

【法律】「地理的表示のあるワイン」は、品質と特徴が特殊な地理的環境に起因する「原産地呼称保護（A.O.P.）」、生産地に起因する品質や名声、特徴がある「地理的表示保護（I.G.P.）」から構成されます。栽培に関する規制がある他、生産は指定地域内で行うことが義務付けられています。また、原料ぶどうは「原産地呼称保護」はヴィティス・ヴィニフェラのみに限定されるものの、「地理的表示保護」はヴィティス・ヴィニフェラに加えて、他の種との交配品種も認められています。

010 ❶

難易度 ■■■
出題頻度 ■■□
Check 1 2 3

【法律】2009年産以降の「地理的表示のあるワイン」で記載が義務付けられている事項は、①製品のカテゴリー（ワインやV.D.L.など）②法的分類（A.O.P.やI.G.P.など）③アルコール度④原産地⑤瓶詰め業者名（スパークリングワインの場合は生産者と販売業者）⑥スパークリングワインの場合は残糖量の表示、です。任意事項である収穫年と品種は、記載する場合には使用率85％以上であることが義務付けられています。また、複数品種を記載する場合、それらで100％構成されなくてはなりません。

011 ❶

難易度 ■■■
出題頻度 ■■□
Check 1 2 3

【法律】3g/ℓ未満はブリュット・ナチュール（Brut Nature）やパ・ドゼ（Pas Dosé）、ドザージュ・ゼロ（Dosage Zéro）で、ドザージュを行わない場合もあります。0〜6g/ℓはエクストラ・ブリュット（Extra Brut）、12g/ℓ未満はブリュット（Brut）、12〜17g/ℓはエクストラ・ドライ（Extra Dry）、17〜32g/ℓはセック（Sec）、32〜50g/ℓはドゥミ・セック（Demi Sec）、50g/ℓはドゥー（Doux）となります。モワルー（Moelleux）はスパークリングワイン以外で残糖量が12〜45g/ℓ未満のときの表記になります。

Part1 ワイン概論

012
次のぶどう品種と、栽培されている代表的な国名の組み合わせの中から誤っているものを1つ選んでください。

❶ Garganega ——— イタリア
❷ Dornfelder ——— ドイツ
❸ Azal Branco ——— スペイン
❹ Mauzac ——————— フランス

013
次の中から、Chenin Blanc の別名を1つ選んでください。

❶ Aligoté
❷ Pineau de la Loire
❸ Melon de Bourgogne
❸ Breton

Part2 ぶどうの栽培とワインの醸造

014
次のぶどう原品種に関する記述に該当するものを1つ選んでください。

> 北米系の品種で日本でも広く栽培されている。ワインにすれば特徴的な香りを発現するものが多い。

❶ Vitis Vinifera　　　❷ Vitis Amurensis
❸ Vitis Labrusca　　　❹ Vitis Coignetiae

015
右記のブドウの断面図をみて、酸の一番多い部分を1つ選んでください。

❶ A
❷ B
❸ C
❹ D

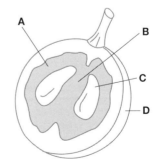

012 ❸

難易度 ■■□
出題頻度 ■■□
Check 1 2 3

【品種】ガルガーネガはイタリア北東部で栽培されている白ぶどうで、ヴェネト州のソアーヴェの主要品種です。ドルンフェルダーは近年ドイツで成功している黒ぶどうで、ヘルフェンシュタイナーとヘロルドレーベの交配種になります。アザル・ブランコはポルトガルで栽培されている白ぶどうで、ヴィーニョ・ヴェルデでは酸味の豊かな軽快な白ワインを生みます。モーザックはフランス南西部で栽培されている白ぶどうで、リムーの白ワインやスパークリングワインを生みます。

013 ❷

難易度 ■■■
出題頻度 ■□□
Check 1 2 3

【品種】アリゴテはブルゴーニュ原産の白ぶどうで、軽快な辛口白ワインになります。ピノー・ド・ラ・ロワールはシュナン・ブランの別名（ロワール川の中流域）で、辛口から甘口まで、スパークリングワインにも使われる幅広い用途の白ぶどうです。ムロン・ド・ブルゴーニュはミュスカデの別名（ロワール川の下流域）で、軽快な辛口白ワインになります。ブルトンはカベルネ・フランの別名（ロワール川の中流域）で、ボルドー右岸地区ではブーシェ（Bouchet）の別名で呼ばれます。

014 ❸

難易度 ■□□
出題頻度 ■□□
Check 1 2 3

【栽培】ぶどうはぶどう科（Vitaceae）のぶどう属（Vitis）に属する蔓性の植物です。原産とされる地域により、欧州・中東系種、北米系種、アジア系種に大別されます。主にワイン用原料とされるのは、欧州・中東系種のヴィティス・ヴィニフェラ種です。シャルドネやカベルネ・ソーヴィニヨンなど、約5000品種があると言われており、その中で現在、世界で栽培されているのは約1000品種となります。北米系種は生食用や台木用に多く使われています。

015 ❷

難易度 ■■□
出題頻度 ■□□
Check 1 2 3

【栽培】ぶどうの果粒に含まれる成分は部位によって偏って分布しています。果皮（D）は風味成分やポリフェノール類を多く含み、とくに黒ぶどうでは色素であるアントシアニン類を含みます。果肉（A）は果汁を多く含みますが、果皮に近い部分に糖類が、種子に近い部分に有機酸が多く含まれ、種子の間（B）が最も酸の多い部分です。また、種子（C）はタンニンを多く含みます。

016
ぶどうは蔓性の多年生植物で、気候に合わせた生育サイクルを持っているが、
次の中からサイクルの順序で正しいものを1つ選んでください。
❶ 展葉 → 開花 → ヴェレゾン → 成熟
❷ 萌芽 → 開花 → 展葉 → ヴェレゾン
❸ 展葉 → 萌芽 → 開花 → 成熟
❹ 展葉 → ヴェレゾン→ 結実 → 成熟

017
北半球において、主に剪定が行われる時期を1つ選んでください。
❶ 9月〜11月
❷ 1月〜3月
❸ 4月〜5月

018
次の中のぶどうの生育条件のうち、誤りのあるものを1つ選んでください。
❶ 年間平均気温が 10 〜 20℃であること
❷ 北緯 30 〜 50 度、もしくは南緯 30 〜 50 度であること
❸ 生育期間の日照時間が 1000 〜 1500 時間であること
❹ 年間降水量が 1000 〜 1500mm であること

019
植物が炭水化物を合成する生化学反応を以下の中から1つ選んでください。
❶ 呼吸
❷ 光合成
❸ 糖化
❹ 発酵

020
右の図柄に該当する栽培方法を
1つ選んでください。
❶ 垣根仕立て
❷ 棒仕立て
❸ 株仕立て
❹ 棚仕立て

016 ❶

難易度 ■□□
出題頻度 ■■□
Check ①②③

【栽培】北半球の場合、3月に剪定部分からの樹液の溢出（プルール／Pleurs）を合図にぶどう樹が活動を始めます。3〜4月に萌芽（デブールマン／Débourrement）と展葉（フイエゾン／Feuillaison）、5月に蕾（モントル／Montre）、6月に開花（フロレゾン／Floraison）と結実（ヌエゾン／Nouaison）、7〜8月に着色（ヴェレゾン／Véraison）、8〜9月に成熟（マテュリテ／Maturité）を経て、9〜10月に収穫（ヴァンダンジュ／Vendange）を迎えます。その後、翌春まで休眠に入ります。

017 ❷

難易度 ■□□
出題頻度 ■■□
Check ①②③

【栽培】剪定（タイユ／Taille）はぶどう樹の枝を切り揃えることで、翌期の収穫量や品質の管理を行う作業で、ぶどう樹が休眠している冬季に行われます。夏季にも剪定は行われますが、こちらは夏季剪定（ロニャージュ／Rognage）と呼ばれており、栄養を果房に集中させるため余分な新梢や葉を取り除きます。除葉（エフォイヤージュ／Effeuillage）や間引き（ヴァンダンジュ・ヴェルト／Vendange Verte）も夏季剪定に含まれます。

018 ❹

難易度 ■■□
出題頻度 ■□□
Check ①②③

【栽培】ぶどうが生育するには、年間平均気温が10〜20℃であることが条件となり、とくにワイン用では10〜16℃が望ましいとされます。これを満たす地域は北緯30〜50度、もしくは南緯30〜50度にあたりますが、近年は低緯度帯でもぶどうが栽培されています。生育期間（北半球では4月1日から10月31日）に1000〜1500時間の日照時間が必要となり、年間降水量は500〜900mmが望ましいとされます。また、昼夜の温度較差が大きい方が良いと言われます。

019 ❷

難易度 ■□□
出題頻度 ■□□
Check ①②③

【栽培】植物は光合成という生化学反応を用いて、成長のために必要な炭水化物（糖分やデンプンなど）を合成します。この光合成は光エネルギー（太陽光）のほか、水と大気中の二酸化炭素を利用します。ぶどうの十分な成熟のためには、生育期間（北半球では4月1日から10月31日）に1000〜1500時間の日照時間が必要となります。また、年間平均気温が9℃以上でないと、ぶどうは生育できないと言われています。

020 ❸

難易度 ■■□
出題頻度 ■■□
Check ①②③

【栽培】垣根仕立ての中でも、ギヨーとコルドンが普及しています。前者は幹側の結果枝だけを残して剪定し、その結果枝を翌年の結果母枝にするもの。後者は結果母枝をそのまま残し、結果枝を剪定して翌年は新しい結果枝を伸ばすもの。株仕立ては主幹をコブ状に刈り込み、短梢を不規則に取るもの。棚仕立ては人間の背丈ほどまで伸ばし、そこから棚状に這わせるもの。棒仕立ては1本の樹に1本の杭をあてがうもの。

021
ボルドーやブルゴーニュを代表に、世界的に広く実施されている長梢（結果母枝）を 2 本左右にとる仕立て方法を 1 つ選んでください。
❶ 垣根仕立て
❷ 棒仕立て
❸ 棚仕立て
❹ 株仕立て

022
ぶどう病害被害が、日本で最大のものを 1 つ選んでください。
❶ ベト病
❷ 灰色カビ病
❸ ウドンコ病
❹ 晩腐病

023
ボルドー液の散布が有効とされているぶどうの病害を 1 つ選んでください。
❶ ベト病
❷ フィロキセラ
❸ ボトリティス・シネレア
❹ 晩腐病

024
圃場にある秀逸な株を選抜し、その枝を取って、挿し木で株を増やし、植え替え時にその秀逸な株で畑を構成していく方法を 1 つ選んでください。
❶ クローン・セレクション
❷ マサル・セレクション

025
主に台木として、あるいは台木の交雑で用いられる系種ではないものを 1 つ選んでください。
❶ ベルランディエリ種
❷ ラブルスカ種
❸ リパリア種
❹ ルペストリス種

026
以下の選果や破砕・除梗に関する説明文の中から、誤りのあるものを 1 つ選んでください。
❶ 除梗・破砕の前に選果をすることが多くなっている
❷ 房で選果のほか、除梗後に粒で選果することがある
❸ 酸化防止のほか、雑菌汚染を防止するために二酸化硫黄を加える
❹ カベルネ・ソーヴィニヨンの果梗は青臭い匂いがないため、果梗を残すのが一般的

解答と解説 ◉ Answer

021 ❶

難易度 ■■□
出題頻度 ■■■
Check 1 2 3

【栽培】ぶどう樹の形状は各地でさまざまなものが考案されています。一般的に乾燥地では背が低く、湿潤地ではある程度まで背を高くします。樹体が大きくなりすぎると、果実の養分が不足するため、ワインの品質が上がりません。垣根は畑に打った杭に針金を張り、その針金に枝を這わせます。棒は垣根を作るのが難しい急傾斜地で採用されるものです。棚は湿潤地で果房などを地面から離すために用いられます。株は新梢が伸びすぎない乾燥地に適しています。

022 ❹

難易度 ■■□
出題頻度 ■■■
Check 1 2 3

【栽培】ベト病は北米から持ち込まれたブドウ樹が感染していたことでヨーロッパに伝播した病気で、1878年にヨーロッパで初めて確認されました。灰色カビ病はボトリティス・シネレアと呼ばれる菌を原因とするもので、条件が整うと貴腐ブドウとなり、甘口ワインの原料となります。ウドンコ病は北米由来のカビで、1850年頃にヨーロッパに伝播しました。晩腐病は収穫期のブドウ果実を侵し腐敗させる病害です。

023 ❶

難易度 ■■□
出題頻度 ■■■
Check 1 2 3

【栽培】フィロキセラはぶどうの根に寄生する害虫で、それ以外はカビを原因とする病害です。防除対策としてボルドー液（硫酸銅＋生石灰＋水）が有効とされるのはベト病です。ヨーロッパでの発生年を問うことも多く、ウドンコ病（1850年）→フィロキセラ（1859年）→ベト病（1878年）という流れを把握しておきましょう。また、晩腐病は日本ではぶどうの病害で最大の被害をもたらしています。

024 ❶

難易度 ■■□
出題頻度 ■□□
Check 1 2 3

【栽培】種子は親との遺伝子が同一ではないため、親の秀逸な性質を子に確実に引き継ぐことはできません。その性質を維持するために、ぶどうは挿し木や取り木（枝を地中に埋め、根付いたところで親株から切る）で植え替えが行われてきました。クローン・セレクションが特定の株を選んで増やすのに対して、マサル・セレクションは圃場の複数の株から挿し木を作る、多様性を重視した方法。近年はウイルスフリーの苗を得るために、専門業者が茎頂培養により増やした株も流通しています。

025 ❷

難易度 ■■■
出題頻度 ■□□
Check 1 2 3

【栽培】フィロキセラ対策として行われる接ぎ木には、北米系統の台木が用いられます。3大台木原種と言われるのがリパリア種、ルペストリス種、ベルランディエリ種です。また、これらを交雑させた3309（リパリア×ルペストリス）や101-14（同）などがあります。ラブルスカ種は同じく北米系統になるものの、他の3種のようなフィロキセラへの抵抗力はなく、接ぎ木との親和性も低いため、一般的に台木として使用されることはありません。

026 ❹

難易度 ■■■
出題頻度 ■□□
Check 1 2 3

【醸造】カベルネ・ソーヴィニヨンやメルロなどのボルドー品種は、果梗に青臭い匂い（イソブチル・メトキシピラジン／IBMP）を多く含むため、粒の状態での選果をするなどして、完全に取り除くことが望ましいとされています。これに対し、ピノ・ノワールは果梗に青臭い匂いを多く含まないため、果梗を一部残す、あるいは完全に残すなどして、果醪と一緒に発酵することがほとんどです。

027
通常 1kg のぶどうから搾汁される果汁またはワイン（赤ワイン）の量として適切なものを 1 つ選んでください。
❶ 400mℓ
❷ 700mℓ
❸ 1000mℓ
❹ 1300mℓ

028
発酵前に低温で浸漬を行う技術を 1 つ選んでください。
❶ Macération préfermentaire à chaud
❷ Macération finale à chaud
❸ Macération préfermentaire à froid

029
果房を−7℃以下の冷凍庫で冷却し、凍結した果房を圧搾して糖度の高い果汁を得る技術を 1 つ選んでください。
❶ Cryo-extraction
❷ Osmose inverse
❸ Concentration sous vide à basse temperature

030
ミクロ・オキシジェナシオンの効果として誤りのあるものを 1 つ選んでください。
❶ 発酵初期に酵母に酸素を供給することで発酵遅延を防ぐ
❷ 色素の安定化を図る
❸ 香りに熟成感をもたせる
❹ ポリフェノールの酸化重合を阻害する

031
次の発酵・貯蔵容器のうち、最も酸素透過率の高いものを 1 つ選んでください。
❶ ステンレスタンク
❷ コンクリートタンク
❸ 新樽
❹ 古樽

032
ワインの醸造過程におけるシャプタリザシオンの意味を 1 つ選んでください。
❶ 醸し
❷ 発酵
❸ 補糖
❹ 滓引き

027 ❷

難易度 ■□□
出題頻度 ■□□
Check 1 2 3

【醸造】1kg のぶどうから搾汁される果汁、ワイン（赤ワイン）の量は、600 ～ 800mℓ。ワインはぶどうに含まれる糖分を直接発酵させるので、穀物を原料とする日本酒やビールと違い、糖化工程を必要としません。また、ぶどうは多くの水分を含むので、醸造の際に日本酒のように「仕込み水」を加水することはありません。

028 ❸

難易度 ■■□
出題頻度 ■■□
Check 1 2 3

【醸造】選択肢1の発酵前高温浸漬は果醪を約70℃に加熱し、主に果皮からの色素(アントシアニン)を抽出することで、軽めの赤ワインを造ります。同2の発酵後高温浸漬は発酵後の果醪を 30 ～ 45℃に上げることで、種子や果皮のタンニンをより強く抽出します。同3の発酵前低温浸漬は果醪に亜硫酸を添加し、発酵が起きないように低温にすることで、深い色合いと豊かな果実味が得られます。

029 ❶

難易度 ■■□
出題頻度 ■□□
Check 1 2 3

【醸造】クリオ・エクストラクションはドイツのアイスワインを人工的に再現したもので、主に甘口ワインの醸造で用いられることがあります。選択肢2の逆浸透膜、選択肢3の常温減圧濃縮を含めいずれも、1%のアルコール分を上げるには約 10%の水分を除く必要があります。EU のワイン法では、①除去する水分は、元の果醪容量の 20%を超えない ②糖度の上昇は潜在アルコール度に換算して 2%を超えない、と規定されています。

030 ❹

難易度 ■■■
出題頻度 ■□□
Check 1 2 3

【醸造】発酵中あるいは貯蔵中の赤ワインに、多孔質のセラミックを通して酸素の細かい泡を引き込む技術です。選択肢 1 ～ 3 の効果のほか、ポリフェノールの酸化重合を促進することで、ポリフェノールの巨大化を防ぎ、それにより濃密でありながらもキメ細かくなめらかな質感をもたらします。新樽で熟成させた赤ワインは、濃密でなめらかになるというメカニズムを再現した技術とも言えます。

031 ❸

難易度 ■■□
出題頻度 ■■□
Check 1 2 3

【醸造】オーク樽は木目からの穏やかな酸素の流入により、ワインの味わいをまろやかにする効果があります。とくに新樽は酸素透過率が高く、その効果が強く得られます。他にも樽材からのタンニン分の溶出によりワインの濁り成分を沈殿させやすくしたり、ヴァニラ香やココナッツ香を付加したりします。また、熟成中のワインに酸素を人為的に注入して味わいをまろやかにしたり、オークチップを使用して安価にヴァニラ香を付加したりすることも一部で行われています。

032 ❸

難易度 ■□□
出題頻度 ■■□
Check 1 2 3

【醸造】シャプタリザシオン（補糖）とは、ぶどうの糖度が十分に上がらないとき、発酵前あるいは発酵時に糖分を添加することで、アルコールのかさ上げを行うことです。補糖にはショ糖（砂糖）、ブドウ糖、果糖が使用されます。19 世紀フランスの化学者であり、ナポレオン統領政府の内務大臣（1800 ～ 1804 年）ジャン＝アントワーヌ・シャプタルが公表したことから命名されました。

033

発酵が始まって3〜4日頃アントシアニンとタンニンが液中に出てくる過程に該当する語句を1つ選んでください。
❶ 醸し
❷ 熟成
❸ 清澄
❹ マロラクティック発酵

034

タンニン、ゼラチン、ベントナイトなどを用いる醸造過程での作業を1つ選んでください。
❶ 濾過
❷ 熟成
❸ 清澄
❹ 圧搾

035

ワインの醸造過程におけるルモンタージュの効果として期待できる事項を1つ選んでください。
❶ 酸素供給
❷ 清澄効果
❸ 酸化防止
❹ 色素の安定化

036

マロラクティック発酵の効果として正しいものを1つ選んでください。
❶ 清澄化の促進
❷ エチルアルコールを生成する
❸ ワインの酸味が柔らげられ、まろやかになる
❹ 乳酸がリンゴ酸に変化する

037

次の中から樽熟成の効果について該当するものを1つ選んでください。
❶ 酸化防止
❷ 成分重合を促す
❸ 色を濃くする
❹ 果実香が際立つ

038

白ワインの熟成中、タンクや樽の中の滓を撹拌することにより熟成を促す作業を1つ選んでください。
❶ バトナージュ
❷ デブルバージュ
❸ スキン・コンタクト
❹ シュール・リー

033 ❶

難易度 ■■□
出題頻度 ■■□
Check 1 2 3

【醸造】赤ワインの醸造工程で、果皮からアントシアニン（色素）や種子からタンニン（渋み）を抽出する作業を醸し（マセラシオン／Macération）と呼びます。熟成タイプでは期間を長く、早飲みタイプでは期間を短くします。上部に浮き上がった果皮や種子等の固形部分を果帽と呼びます。抽出を効率よく行うため、下部の果汁をポンプでくみ上げて上から散布するルモンタージュ（ポンピング・オーバー）や、果帽を突き崩す櫂入れ（ピジャージュ／Pigeage）などが行われます。

034 ❸

難易度 ■■□
出題頻度 ■■□
Check 1 2 3

【醸造】卵白やタンニン、ゼラチン、ベントナイトなどは清澄作業（コラージュ／Collage）で用いられます。ワインに含まれている浮遊物を吸着させ、ワインをより澄んだものに仕上げます。澱引き（スーティラージュ／Soutirage）は浮遊物が自然に沈降した後、上澄みだけを別の容器に移す作業です。濾過はワインをフィルターに通して、澄ませる作業です。近年はワイン本来の風味を大切にしたいという考え方から、無濾過・無清澄で瓶詰めすることもあります。

035 ❶

難易度 ■■□
出題頻度 ■■□
Check 1 2 3

【醸造】ルモンタージュ（Remontage）は赤ワインの浸漬工程において、果汁を循環させて、もろみの撹拌を行う作業です。発酵槽下部から抜き取った果汁をポンプで汲み上げ、液面に浮き上がった果帽の上から降り注ぎます。その効果としては、①果皮からフェノール類などの成分を抽出する ②酸素の供給 ③糖分、酵母、温度の平均化、があります。ブルゴーニュなどではルモンタージュを行わず、櫂入れ（ピジャージュ／Pigeage）を行います。

036 ❸

難易度 ■■□
出題頻度 ■□□
Check 1 2 3

【醸造】アルコール発酵の後に行われることのある作業で、乳酸菌の働きによりリンゴ酸（Malic Acid）を乳酸（Lactic Asid）と二酸化炭素に分解します。一般的にマロラクティック発酵（Malo-Lactic Fermentation）と言われるものです。その効果は、①酸味をやわらげる ②酒質が複雑性を増す ③瓶詰め後の微生物による影響を防ぐ（微生物的安定化）、になります。

037 ❷

難易度 ■■□
出題頻度 ■□□
Check 1 2 3

【醸造】発酵の後にワインを樽内で熟成させることを樽熟成と呼びます。厳密には大樽と小樽、新樽と古樽は区別しなくてはなりませんが、試験で特徴を問われるのは、主に新小樽を用いた赤ワインの熟成についてです。その効果は、空気との接触を原因とする成分重合の促進による風味の安定化で、加えて色調の安定化があります。また、樽材からの成分抽出もあります。つまりは甘く香ばしい風味が付き、濃くて力強いワインに仕上がるということです。

038 ❶

難易度 ■■□
出題頻度 ■■□
Check 1 2 3

【醸造】いずれも白ワインに用いられる作業です。バトナージュは澱を撹拌することで、酵母に含まれるうまみ成分をワインに抽出させる作業。デブルバージュ（Débourbage）は発酵前に低温で果汁を半日ほど静置し、不純物を沈殿させる作業。スキン・コンタクトは赤ワインのように果皮を浸漬させる作業。シュール・リーは発酵後にワインの澱引きを行わず、そのまま澱と接触させておくこと。

039　ロゼワインの醸造法で「黒ぶどうを原料として、醸しの途中ほどよく色付いたところで果醪から液体部分を分離し、低温発酵させて造る方法」を1つ選んでください。
❶ セニエ法
❷ 直接圧搾法
❸ 混醸法
❹ ブレンド法

040　次の中から、赤ワインの醸造で用いられる技術を1つ選んでください。
❶ シュール・リー
❷ スキン・コンタクト
❸ バトナージュ
❹ マセラシオン・カルボニック

041　以下にあるオレンジワインの説明文の中から、誤りのあるものを1つ選んでください。
❶ 白ぶどうの果皮や種子を赤ワインのように浸漬する
❷ コーカサス地方はオレンジワインの伝統的な生産地である
❸ 白ワインと同じようにタンニンは多く含まれない
❹ ジョージアではアンバーワインと呼ぶ

042　国際的なワインの取引に使われてきた単位を表す言葉を1つ選んでください。
❶ Barrique
❷ Pièce
❸ Tonneau

043　オークに関する説明文の中で、誤りのあるものを1つ選んでください。
❶ ヨーロッパのオークは、タンニンが少なめで、ヴァニリンやオークラクトンが多い
❷ ヨーロッパのオークでは、樽側板を製材するときに柾目取りを行う
❸ 切り出されたオーク材は、2～3年の自然乾燥により、余分な成分を除く
❹ 樽内面を強く焼くと、タンニン抽出は減るが、煙やコーヒー様のロースト香が強くなる

044　スパークリングワインの製法で「スティルワインを瓶に詰め、糖分と酵母を加え、密閉して、瓶内で第二次発酵を起こさせて造る方式」を1つ選んでください。
❶ トランスファー方式
❷ シャルマ方式
❸ メトード・リュラル方式
❹ トラディショナル方式

039 **1**

難易度 ■□□
出題頻度 ■□□
Check 1 2 3

【醸造】セニエ（Saignée）はロゼワインの代表的な醸造技術で、赤ワインの醸し期間を短縮したもの。赤ワインでは通常1～2週間を費やしますが、セニエでは3～4日で発酵槽から果汁を抜き取ります。むかし医療で行われていたセニエ（瀉血）という治療法から命名されました。直接圧搾法に比べて、より深い色合いと風味を持ったロゼワインになります。混醸法はドイツで行われるもの。赤ワインと白ワインのブレンドはヨーロッパではスパークリングワイン以外は禁止されています。

040 **4**

難易度 ■■□
出題頻度 ■■□
Check 1 2 3

【醸造】マセラシオン・カルボニックは除梗、破砕を行わずに黒ぶどうを密閉タンクに投入し、二酸化炭素（炭酸ガス）気流中で数日間置く工程。二酸化炭素は人為的に外から注入する方法の他、ぶどうの投入時に一部が潰れて発酵が始まることで得られる二酸化炭素を利用する方法があります。二酸化炭素により細胞膜が壊れ、果皮に含まれているさまざまな成分が果肉に移行するので、この工程の後に圧搾を行い、色付いた果汁だけを白ワインのように発酵させます。

041 **3**

難易度 ■□□
出題頻度 ■□□
Check 1 2 3

【醸造】オレンジワインは白ぶどうの果皮や種子を浸漬することで、従来の白ワインに比べてさまざまな成分を多く含みます。赤ワインと同じように種子からタンニンが多く抽出されるため、白ワインにはなかった渋みやスパイシーさがあります。このタンニンは抗酸化物質であることから、亜硫酸添加を抑えたい、いわゆる自然派の生産者に注目され、世界的な広がりを見せました。

042 **3**

難易度 ■■□
出題頻度 ■□□
Check 1 2 3

【醸造】トノー（容量900ℓ）は、バリック（同225ℓ）4個分、または750mℓボトル換算で1200本（100ケース）に相当し、国際的な商取引で使われてきた単位です。醸造容器としても使用されている大樽のことも指します。バリックはボルドーで用いられる樽で、ピエス（228ℓ）はブルゴーニュで用いられる樽。バリックはピエスに比べ細身で、かつてボルドーからイギリスなどに輸出される際に積載しやすい形状が考えられたとされています。

043 **1**

難易度 ■■□
出題頻度 ■□□
Check 1 2 3

【醸造】ヨーロッパに自生しているオークで、ワインに主に用いられるのは、セシル・オークとペドンキュラータ・オークです。ヨーロッパのオークは、タンニンが多めで、ヴァニラ香（ヴァニリン）やココナッツ香（オークラクトン）が控えめなのが特徴です。一方、北アメリカに自生しているアメリカン・ホワイト・ホークは、タンニンが少なめで、ヴァニラ香やココナッツ香が強めです。

044 **4**

難易度 ■■□
出題頻度 ■■□
Check 1 2 3

【醸造】かつては二酸化炭素を閉じ込める密閉容器はガラス瓶とコルク栓くらいしかなかったため、瓶内で第二次発酵を行う技術が確立されました。シャンパーニュをはじめ、フランスのクレマン（Crémant）やドイツのフラシェンゲールング（Flaschengärung）、イタリアのメトド・クラッシコ（Metodo Classico）、スペインのカバ（Cava）はいずれも瓶内二次発酵（トラディショナル方式）によるものです。

045　次の中からワイン醸造において添加される二酸化硫黄（SO_2）の効果として誤っているものを1つ選んでください。

❶ 酸化防止作用
❷ 過剰アルコール発生の抑制
❸ 清澄作業が容易になる
❹ 黒ぶどうの果皮から色素を抽出し、安定化をはかる

046　次のクロージャーに関する説明文の中から、誤りのあるものを1つ選んでください。

❶ 天然コルクは大西洋沿岸を原産とするコルク樫の表皮を剥離して作る
❷ 圧搾コルクは天然コルクを砕いた粒子をコルク状に成形したものである
❸ 合成コルクはプラスチックで作られ、コルクの弾力性を模したものもある
❹ スクリューキャップは金属製のライナーにより、外部からの酸素流入がほとんどない

Part3 その他飲料

047　次の日本におけるビール製造に使用される原料に関する記述中、(a) ～ (c) に該当する語句として正しいものを1つ選んでください。

> ビールは原料として麦芽、(a)、水の他、副原料として麦、(b)、トウモロコシ等が使用される。(a) はビールに特有の (c) や香りを与える。

❶ (a) 米　(b) エンドウ　(c) 酸味　❷ (a) ホップ　(b) エンドウ　(c) 甘味
❸ (a) ホップ　(b) 米　(c) 苦味　❹ (a) ホップ　(b) 米　(c) 甘味

048　ビール製造において雑菌の生育を抑えるホップに含まれる成分を1つ選んでください。

❶ スターチ
❷ ルプリン
❸ ツヨン

049　2018年の改正により、日本でビールに使うことができる果実またはコリアンダーや香辛料、ハーブ、花、蜂蜜等の副原料の比率を1つ選んでください。

❶ 麦芽の重量の100分の5以内
❷ 麦芽の重量の100分の10以内
❸ 麦芽の重量の100分の20以内
❹ 麦芽の重量の100分の30以内

045 ❷

難易度 ■■□
出題頻度 ■□□
Check ①②③

【醸造】二酸化硫黄の効果は、①酸化防止作用 ②有害菌の繁殖を抑え、酵母の働きは妨げない ③清澄作業が容易になる ④黒ぶどうの果皮から色素を抽出し、安定化を図る ⑤アセトアルデヒドの結合、があります。添加物を嫌う傾向が市場にあり、自然派と呼ばれる生産者の多くが二酸化硫黄の使用量を減らす方向にはあるものの、健全なワイン造りには不可欠であるという考え方が一般的です。

046 ❶

難易度 ■■□
出題頻度 ■□□
Check ①②③

【醸造】コルク樫は地中海沿岸を原産とする樹木で、幹の生長とともに厚いコルク層からなる樹皮が形成されます。この樹皮を剥離し、円筒形に打ち抜いたものがコルク栓として用いられます。コルクの生産量の過半はポルトガルが占めており、スペインやイタリアなどでも生産されています。良質なコルクは 10 年以上の年月を経て、樹皮が生長するのを待たねばならず、近年は入手がきわめて難しくなっています。

047 ❸

難易度 ■■□
出題頻度 ■■□
Check ①②③

【ビール】ビールの主原料は麦芽とホップ、水になります。麦芽は主に二条大麦が用いられますが、バイツェンのように小麦麦芽を用いるものもあります。二条大麦は、①穀粒が大きくて均一であること ②デンプン含有量が多く、タンパク含有量が適正である ③麦芽にした際の酵素力が強い、などの特徴があります。ホップはビール特有の芳香と爽快な苦味を与えます。生産地は北緯 35 〜 55 度で、日本では東北地方で栽培されているものの、ほとんどは輸入原料となります。

048 ❷

難易度 ■□□
出題頻度 ■■□
Check ①②③

【ビール】ルプリンはホップに含まれる成分で、ビール特有の苦味や香りを与えるとともに、ビールの泡持ちを良くし、雑菌の生育を抑える効果があります。スターチ（デンプン）は日本ではビールの副原料として用いられることがあります。ツヨンはニガヨモギなどに含まれる成分で、幻覚などの向精神作用が引き起こされるとされ、一時期はニガヨモギを原料とするリキュール、アブサンの製造が禁止されたこともあります。

049 ❶

難易度 ■■□
出題頻度 ■□□
Check ①②③

【ビール】酒税法で規定されているビールの範囲は、①麦芽、ホップ及び水を原料として発酵させたもの ②麦芽、ホップ、水および麦その他の一定の副原料※（麦芽の重量の 100 分の 50 以下）を原料として発酵させたもの、となります。また、あらたに副原料は麦芽の重量の 100 分の 5 以内で、果実のほかコリアンダー等の香味料を用いることが認められました。
※麦、米、とうもろこし、こうりゃん、ばれいしょ、でん粉、糖類または一定の苦味料もしくは着色料

050

イギリスで原料として砂糖が許可され造られるようになった、濃厚でホップの苦みの強い濃色ビールを1つ選んでください。
❶ ボック
❷ スタウト
❸ アルト
❹ トラピスト

051

ブリュッセル地方で造られるベルギーを代表する、自然発酵による伝統的なビールを1つ選んでください。
❶ トラピスト
❷ バイツェン
❸ ピルスナー
❹ ランビック

052

次のウイスキーの説明文の中で、誤りのあるものを1つ選んでください。
❶ 麦芽1tからできるウイスキーは100%アルコール換算で約420ℓ
❷ 樽にはバーレル（約200ℓ）のみが使われる
❸ 熟成中、アルコール分子と水分子がクラスターを形成し、刺激感が減る
❹ 樽熟成中の目減りを天使の分け前（エンジェル・シェア）と呼ぶ

053

次のウイスキーの中で、貯蔵年数の設けられていないものを1つ選んでください。
❶ アイリッシュ
❷ スコッチ
❸ カナディアン
❹ ジャパニーズ

054

スコッチウイスキーに使われるピートの名称を1つ選んでください。
❶ 砂糖大根
❷ 草炭（泥炭）
❸ 乾燥わら
❹ 木樽

055

51%以上のトウモロコシとライ麦を使用して造られ、力強い樽の香りが特徴となるウイスキーを1つ選んでください。
❶ アイリッシュウイスキー
❷ カナディアンウイスキー
❸ バーボンウイスキー
❹ ジャパニーズウイスキー

050 ②

難易度 ■■□
出題頻度 ■■■
Check 1 2 3

【ビール】ボックはドイツのアインベックが発祥の地で、もとは濃色ビールでしたが、現在は淡色が多くなりました。スタウトはイギリスで原料に砂糖が許可されて造られるようになったもので、ダブリンのギネスを代表とする濃色。アルトはドイツのデュッセルドルフで発展した、トラピストはかつてベルギーの修道院で造られていた、いずれも上面発酵の濃色です。その他、チェコのプルゼニュ（ドイツ語でピルゼン）で生まれた下面発酵のピルスナー、小麦麦芽を用いた上面発酵のバイツェンなどがあります。

051 ④

難易度 ■■□
出題頻度 ■■□
Check 1 2 3

【ビール】トラピストはベルギーの修道院で造られていたことから命名（濃色・上面発酵）。バイツェンはドイツのバイエルン地方で発展したビールで、小麦を用います（主に淡色・上面発酵）。ピルスナーは世界で最も普及しているタイプで、チェコのプルゼニュ地方が発祥（淡色・下面発酵）。ランビックは大麦と小麦の麦芽を用い、古いホップを使用します。1～2年をかけて自然発酵させるため、酸味や特有の香りがあります。できあがったものと若いものを混和し、1年ほど発酵させた後に瓶詰めします。

052 ②

難易度 ■■□
出題頻度 ■□□
Check 1 2 3

【ウイスキー】ウイスキー用の樽材には、アメリカ産ホワイトオーク、スパニッシュオーク、フレンチオーク、東欧産オーク、日本産オーク（ミズナラ）などが用いられます。通常使用される樽の呼称とサイズは、バーレル（約200ℓ）、ホッグスヘッド（約250ℓ）、バット（約500ℓ）、パンチョン（約500ℓ）など。熟成中に樽材に含まれるリグニンやタンニン、ラクトンが溶出し、例えばリグニンが分解されてヴァニリンとなり、心地よい芳香を呈するようになります。

053 ④

難易度 ■■■
出題頻度 ■□□
Check 1 2 3

【ウイスキー】五大産地のいずれも、モルトは単式蒸留、グレーンは連続式蒸留を行います。モルトウイスキーの強烈な個性に対して、クリアでスムーズなグレーンウイスキーを混和することで、複雑で精妙な味わいを表現できます。貯蔵年数はアイリッシュ、スコッチ、カナディアンは3年以上と定められており、アメリカンはストレートの表示をする場合のみ2年以上と定められています。

054 ②

難易度 ■■□
出題頻度 ■■□
Check 1 2 3

【ウイスキー】ウイスキーの製造工程は、①糖化 ②発酵 ③蒸留 ④熟成 ⑤調合（ヴァッティング）、となります。スコッチウイスキーの糖化工程では、まず二条大麦を発芽させて麦芽に育て、石灰やピートと呼ばれる草炭などを焚いて乾燥させます。その後、粉砕して水を加え、麦芽が生成したデンプン分解酵素（糖化酵素）を利用して糖化を行い、発酵させます。蒸留工程ではモルトウイスキーは単式蒸留、グレーンウイスキーは連続式蒸留を行います。

055 ③

難易度 ■■□
出題頻度 ■■□
Check 1 2 3

【ウイスキー】スコッチは麦芽の乾燥に使用するピート煙に由来するスモーキーな香りが特徴です。アイリッシュはスモーキーな香りがなく、まろやかな風味のブレンデッドウイスキーです。カナディアンは穏やかな香りのフレーバリングウイスキーとクリーンに蒸留されたベースウイスキーのブレンデッドウイスキーです。バーボンはトウモロコシ51％以上とライ麦を原料とし、強く焦がした樽の香りがあります。ジャパニーズは華やかな香りを持ち、穏やかでバランスが良く、コクのあるタイプです。

056 コニャックの主要ぶどう品種を1つ選んでください。
- ❶ Sémillon
- ❷ Picpoul
- ❸ Mauzac
- ❹ Ugni Blanc

057 次のコニャックの生産地区のうち、最高品質と言われている産地を1つ選んでください。
- ❶ Grande Champagne
- ❷ Fins Bois
- ❸ Petite Champagne
- ❹ Bons Bois

058 次のコニャックに関する説明文のうち、誤りのあるものを1つ選んでください。
- ❶ コニャックの大手4大ブランドで、全販売量の5割にとどまる
- ❷ 栽培農家4500軒のうち、3600軒は小規模蒸留所を兼ねている
- ❸ フランス国内での消費は2.2%で、97.8%は輸出に向けられている
- ❹ アメリカ市場（全体の約40％）、アジア・中国圏（同約25％）での伸長が著しい

059 コニャックの熟成表示で最も古いものを1つ選んでください。
- ❶ Excellence
- ❷ Hors d'âge
- ❸ Héritage
- ❹ Napoléon

060 次のアルマニャックの地区の特徴に関する記述に該当する地区を1つ選んでください。

> 砂の最も多い土壌。最高品質。フィネス、芳香性に富み、干しスモモの香味を有する。

- ❶ Bas-Armagnac
- ❷ Armagnac-Ténarèze
- ❸ Haut-Armagnac
- ❹ Bons Bois

061 次の中から連続式蒸留が認められているものを1つ選んでください。
- ❶ Bas-Armagnac
- ❷ Calvados du Pay d'Auge
- ❸ Fine Champagne
- ❹ Grande Champagne

---

056 **4**

難易度 ■■□
出題頻度 ■■□
Check 1 2 3

【ブランデー】ユニ・ブランはコニャックに用いられる白ぶどうで、フランスでは品種別栽培面積でメルロに次ぐ第2位です。元々はトスカーナが原産で、イタリアではトレッビアーノと呼ばれ、広く栽培されています。セミヨンは辛口・甘口いずれにも使用される、ボルドーの主要白ぶどう品種。ピックプールはラングドック地方の土着白ぶどう品種。モーザックは南西地方の土着白ぶどう品種で、スパークリングワインの原料として知られます。

---

057 **1**

難易度 ■■□
出題頻度 ■■□
Check 1 2 3

【ブランデー】コニャックは品質の違いから6地区に区分けされます。石灰岩土壌で最高品質となるのがグランド・シャンパーニュです。ボリュームがあり、余韻が長く、熟成すると素晴らしいブーケを生みます。続いてプティット・シャンパーニュ、ボルドリー、ファン・ボワ、ボン・ボワ、ボワ・オルディネールと続きます。グランド・シャンパーニュ（50%以上）とプティット・シャンパーニュのみをブレンドしたフィーヌ・シャンパーニュという上級品もあります。

---

058 **1**

難易度 ■■■
出題頻度 ■□□
Check 1 2 3

【ブランデー】コニャックには約4500軒の栽培農家があり、そのうち約3600軒は数基しかシャラント型蒸留器を持たない小規模な蒸留所を兼ねています。一方、10基以上のシャラント型蒸留器を持つ専門蒸留所が約120軒あります。最終的にブランドを掲げる生産者（ネゴシアン）は約280社あり、大手4社（ヘネシー、マーテル、レミー・マルタン、クルボアジェ）で全販売量の8割を超えます。これらのネゴシアンは契約農家や蒸留所から原料や原酒を調達し、独自の貯蔵やブレンドにより商品を造っています。

---

059 **2**

難易度 ■■□
出題頻度 ■□□
Check 1 2 3

【ブランデー】コニャックの熟成はコントと呼ばれる表示が使われています。コントは収穫翌年の4月1日から起算し（コント0）、翌々年にコント1となります。原酒のうち最も若いものの熟成年数が表示され、コント2から10までが用いられます。コント10にはオー・ダージュのほか、XOやエクストラ（Extra）、アンセストラル（Ancestral）、アンセトル（Ancêtre）、オール（Or）、ゴールド（Gold）、アンペリアル（Impérial）があります。

---

060 **1**

難易度 ■■□
出題頻度 ■■■
Check 1 2 3

【ブランデー】アルマニャックは品質の違いから3地区に区分けされます。砂の最も多い土壌で、最高品質となるのがバ・ザルマニャック（栽培面積57%）です。フィネスがあり、芳香性に富みます。それに続いてアルマニャック・テナレーズ（同40%）、オー・タルマニャックとなります。コニャックでは石灰岩土壌が高品質となり、アルマニャックでは砂質土壌が高品質という逆転があります。

---

061 **1**

難易度 ■□□
出題頻度 ■■□
Check 1 2 3

【ブランデー】アルマニャックのみが単式蒸留と連続式蒸留が認められており、他は単式蒸留のみが認められています。バ・ザルマニャックはアルマニャックで最高評価を受けるA.O.C.で、地域西部に限定されています。カルヴァドス・デュ・ペイ・ドージュは地域中央部に限定されたA.O.C.、グランド・シャンパーニュはコニャックの最高評価を受けるA.O.C.です。フィーヌ・シャンパーニュはグランド・シャンパーニュとプティット・シャンパーニュを混ぜたコニャックです。

062
カルヴァドスの主な生産地はどこか1つ選んでください。
❶ ヴォワロン
❷ ストラスブール
❸ ノルマンディ
❹ ブルターニュ

063
搾りカスで造る蒸留酒で、一般的に無色のものを1つ選んでください。
❶ Grappa
❷ Marc de Bourgogne
❸ Pisco
❹ Ratafia de Champagne

064
オー・ド・ヴィーの1種、ミラベル・ド・ロレーヌの原料を1つ選んでください。
❶ スモモ
❷ サクランボ
❸ 木イチゴ
❹ 黄色のプラム

065
穀類を原料とし発酵・蒸留して得られたスピリッツにボタニカルを加えて再度蒸留したものを1つ選んでください。
❶ Vodka
❷ Gin
❸ Rum
❹ Tequila

066
白樺の炭で濾過されるスピリッツを1つ選んでください。
❶ Gin
❷ Tequila
❸ Vodka
❹ Rum

067
テキーラの表示で、3年以上熟成させたものに許される表示を1つ選んでください。
❶ アニョホ
❷ エキストラアニョホ
❸ ホーベン
❹ レポサド

062 ③

難易度 ■■□
出題頻度 ■■□
Check １２３

【ブランデー】カルヴァドスはノルマンディで造られるブランデーで、230種のりんごおよび121種の梨の使用が認められています。地域がより限定されたカルヴァドス・デュ・ペイ・ドージュとカルヴァドス・ドンフロンテがあります。醸造酒（洋梨の醸造酒ポワレは30％以内で混和できる）を2回単式蒸留し、ドンフロンテは3年以上、他は2年以上の熟成を経て出荷します。これらの地域以外で造られたものは、オー・ド・ヴィー・ド・シードルに分類されます。

063 ①

難易度 ■■□
出題頻度 ■□□
Check １２３

【ブランデー】グラッパはぶどうの搾りカスから造られる蒸留酒で、樽熟成をほとんどさせないので、色の付かないうちに瓶詰めします。マールはぶどうの搾りカスから造られる蒸留酒で、木樽熟成により固さを取りまろやかにします。ピスコは南米のペルーやチリなどで生産されるグレープ・ブランデー（ワインを蒸留したもの）で、樽熟成をさせないのが一般的です。ラタフィア・ド・シャンパーニュはぶどう果汁に蒸留酒を混和したものです。

064 ④

難易度 ■■■
出題頻度 ■■□
Check １２３

【ブランデー】フランスではぶどう、りんご以外の果物を原料とするブランデーをオー・ド・ヴィー・ド・フリュイ（Eaux-de-Vie de Fruits）と呼びます。ほとんどのものは無色透明で、冷やして食後に飲まれます。主な原料としては、スモモ（プリュヌ／ Prune）、黄色のプラム（ミラベル／ Mirabelle）、紫色のプラム（ケッチェ／ Quetsche）、木イチゴ（フランボワーズ／ Framboise）、サクランボ（スリーズ／ Cerise）、洋梨（ポワール・ウィリアムス／ Poire Williams）などがあります。

065 ②

難易度 ■■□
出題頻度 ■■□
Check １２３

【スピリッツ】ジンは大麦やライ麦などの穀類を原料とした蒸留酒で、主に再蒸留の際にジュニパーベリー（針葉樹の西洋ネズの球果など）やコリアンダー・シードなどのボタニカル（草根木皮）を加えるなどして、香味付けを行ったもの。ジュニパーベリーそのものを発酵させたシュタインヘーガー（ドイツ）の他、風味が濃厚で麦芽の香りが残っているジュネバ（オランダ）、ボタニカルの特徴があるドライ・ジン（ロンドン・ジンとも呼ぶ）などがあります。

066 ③

難易度 ■□□
出題頻度 ■■□
Check １２３

【スピリッツ】ウオッカは大麦や小麦、トウモロコシなどの穀類の他、ジャガイモなどのイモ類を原料とする蒸留酒で、蒸留後に白樺の炭で濾過したものです。白樺の炭の脱臭力によりニュートラルな風味（ほぼ無味・無臭・無色で癖がない）になるため、カクテルベースとして利用されます。東欧や北欧で多く造られており、アクア・ヴィテ（命の水）のポーランド語訳が語源です。14世紀ポーランドでは治療薬や気付け薬として利用されていたため、ペストの被害が抑えられたと言われます。

067 ②

難易度 ■■□
出題頻度 ■■□
Check １２３

【スピリッツ】テキーラは竜舌蘭から造る蒸留酒メスカルの中でも、地域や品種などを規制したものです。生産地はメキシコのハリスコ州全域と周辺州の一部地域だけに限られ、竜舌蘭の中でもブルー・アガベ種の51％以上の使用が定められています。熟成期間により、3年以上熟成させたエキストラアニョホ、1年以上熟成させたアニョホ、2カ月以上熟成させたレポサドに分類されます。また、樽熟成60日以下で無色透明のブランコとレポサドのブレンド、ブランコを着色したものはホーベンに分類されます。

068

カクテルの名品マルガリータのベースとして使用されるものを1つ選んでください。
❶ Vodka
❷ Gin
❸ Rum
❹ Tequila

069

Martinique Vieux と呼ばれる名称が認められているスピリッツを1つ選んでください。
❶ カルヴァドス
❷ アルマニャック
❸ ラム
❹ マール

070

アブサンの香味の主原料ニガヨモギに含まれ、常飲すると健康を損ねると言われている成分を1つ選んでください。
❶ ツヨン
❷ ルプリン
❸ リコリス
❹ ボタニカル

071

アニス・甘草が香味の主原料のリキュールに該当するものを1つ選んでください。
❶ デュボネ
❷ ノイリー・プラット
❸ パスティス
❹ カンパリ

072

次の中からフランス北部ノルマンディ地方で生まれ、27種の薬草、スパイス類が使用されているリキュールを1つ選んでください。
❶ ベネディクティン
❷ ガリアーノ
❸ シャルトリューズ
❹ ドランブイ

073

次の中からフランスのアルプス山麓ヴォワロン村で製造されるリキュールを1つ選んでください。
❶ Bénédictine
❷ Chartreuse
❸ Cointreau
❹ Grand Marnier

068 **④**

難易度 ■■□
出題頻度 ■■□
Check ①②③

【スピリッツ】無色透明でシャープな風味のホワイト・テキーラはカクテルのベースとして広く親しまれています。中でもマルガリータは有名で、テキーラとキュラソー、ライムなどの柑橘果汁をシェイクして、塩をグラスの縁に添えます。ジンを用いたカクテルには炭酸水で割ったジントニックやベルモットを加えたマティーニ、ウオッカでは柑橘類と組み合わせるモスコミュールやソルティドッグ、スクリュードライバー、またラムではソーダで割ってミントを添えたモヒートなどがあります。

069 **③**

難易度 ■■□
出題頻度 ■■□
Check ①②③

【スピリッツ】ラムはサトウキビの搾汁や糖蜜から造る蒸留酒です。西インド諸島原産とされていますが、ブラジル（ピンガ）の他、世界各地で生産されています。フランスはカリブ海にある領土マルティニク県でA.O.C.を認め、きびしく管理しています。3年以上熟成させたマルティニク・ヴュー、12カ月以上熟成させたマルティニク、3カ月以上貯蔵されたマルティニク・ブランがあります。

070 **①**

難易度 ■■□
出題頻度 ■□□
Check ①②③

【リキュール】アブサンはニガヨモギなどの香味成分を抽出した薬草系リキュール。ニガヨモギに含まれるツヨンには幻覚などの向精神作用があるため、20世紀初めヨーロッパ諸国で製造販売が禁止されました。その際にパスティスが代用品として発売されました。1981年にWHO（世界保健機関）がツヨンの残存許容量を定めたため（アブサンでは10ppm以下）、再び広く製造されるようになりました。ペルノー社（フランス）が有名ですが、ヨーロッパ諸国などで広く製造されています。

071 **③**

難易度 ■■■
出題頻度 ■■□
Check ①②③

【リキュール】パスティスは薬草系リキュールのひとつであるアニゼ（アニス系飲料）に分類される商品。アニスと甘草を浸漬させたもので、アブサンの代用品として開発されました。非水溶成分が含まれるため、水を加えると白濁します。デュボネは赤ワインにキナ（南米原産の植物）の皮を浸漬した赤ワインです。ノイリー・プラットはベルモット（ニガヨモギなどを浸漬した白ワイン）で、フランス産の辛口です。カンパリはビターオレンジの果皮や薬草を浸漬した薬草系リキュールです。

072 **①**

難易度 ■■■
出題頻度 ■■■
Check ①②③

【リキュール】ベネディクティンはフランス産の薬草系リキュールで、ブランデーをベースに薬草や香辛料の香味成分を抽出したもの。1510年にフェカン村にあったベネディクト修道院で造られたのが起源。ラベルに書かれたD.O.M.は「至善至高の神に捧ぐ（Deo Optimo Maximo）」の略語。ガリアーノ（イタリア）は中性スピリッツにヴァニラやアニスなど40種以上の香草や香辛料の香味成分を抽出したもの。ドランブイ（スコットランド）はスコッチウイスキーに蜂蜜やハーブを配合したもの。

073 **②**

難易度 ■■■
出題頻度 ■■□
Check ①②③

【リキュール】シャルトリューズは薬草系リキュールの代表的ブランドで、1605年にカルトジオ修道会に伝えられた、あるいは同年にヴォワロンで編み出されたとの伝承があり、グランド・シャルトリューズ修道院に伝えられたのは1735年。ブランデーにアンゼリカやシナモンなど130種の原料から成分を抽出すると言われ、ジョーヌ（黄色・酒精分40度）とヴェール（緑色・同55度）があります。コワントロー（製造地：ロワール地方）とグラン・マルニエ（同：パリ郊外）はキュラソーと呼ばれる、オレンジを用いた果実系リキュールです。

074

果実系リキュールに該当するものを1つ選んでください。
❶ マラスキーノ
❷ アマレット
❸ チナール
❹ スーズ

075

「心を満たす飲みもの」という意味を持つ蒸留酒を1つ選んでください。
❶ ウゾ
❷ ガリアーノ
❸ サンブーカ
❹ ドランブイ

076

独特の杏仁の風味を持つリキュールを1つ選んでください。
❶ アドヴォカート
❷ アマレット
❸ キュラソー
❹ フランジェリコ

077

クレーム・ド・カシス1ℓあたりに必要な最低糖分量を1つ選んでください。
❶ 250g 以上
❷ 300g 以上
❸ 350g 以上
❹ 400g 以上

078

紹興酒に関する説明文の中から、誤りのあるものを1つ選んでください。
❶ 紹興酒とは浙江省紹興市付近で製造された黄酒をさす
❷ 紹興酒の原料には粳米（うるちまい）と麦麹を用いる
❸ 紹興酒では伝統的に鑑湖の水を仕込み水として使っていた
❹ 老酒は長期熟成させた黄酒で、青島などでも造られている

079

世界三大蒸留酒のひとつとされ、国酒として国賓客にも振る舞われるものを
1つ選んでください。
❶ 茅台酒
❷ 桂林三花酒
❸ 五糧液
❹ 汾酒

074 ❶

難易度 ■■□
出題頻度 ■□□
Check 1 2 3

【リキュール】マラスキーノはイタリア産の果実系リキュールで、マラスカ種チェリーを発酵・蒸留したもの。ダルマチア地方（クロアチア沿岸部）では「神の酒」と伝えられてきました。アマレットはアンズの核が風味の主原料で、アーモンド風味が特徴。チナールはイタリアの薬草系リキュールで、アーティチョークを主原料に 13 種のハーブ類が用いられます。スーズはフランスの薬草系リキュールで、ジェンシアンの根が主原料です。

075 ❹

難易度 ■■■
出題頻度 ■□□
Check 1 2 3

【リキュール】ウゾ（ギリシャ／アルコール 40 度）はアニスを蒸留酒に浸漬し、再度蒸留したもの。ガリアーノ（イタリア／ 42.3 度）は 40 種以上のハーブやスパイスを用い、ヴァニラ香とアニス香の調和した香味を持つリキュール。サンブーカ（イタリア／ 40 度）はアニスシード、エルダーベリー、リコリス等をスピリッツに浸漬したもの。ドランブイ（スコットランド /40 度）はスコッチ・ウイスキーに蜂蜜やハーブを配合したもの。

076 ❷

難易度 ■■■
出題頻度 ■□□
Check 1 2 3

【リキュール】アドヴォカート（オランダ、ドイツなど）はエッグ・リキュール。EU では 1 ℓ 当たり卵黄 70g 以上の使用でエッグ・リキュールを名乗れるが、アドヴォカートは 1 ℓ 当たり卵黄 140g 以上、糖分 150g 以上を含まなくてはなりません。アマレット（イタリア）は杏の核を主原料とします。キュラソーはオレンジ果皮を用いたリキュールで、代表的なものにロワール地方のコワントロー、自家製コニャックをベースにするグラン・マルニエ。フランジェリコ（イタリア）はヘーゼルナッツ風味のリキュール。

077 ❹

難易度 ■■□
出題頻度 ■□□
Check 1 2 3

【リキュール】クレーム・ド・カシスは黒スグリを原料とする、濃い甘みを持つ深紫色のリキュール。中性スピリッツに原料を−5℃で浸漬して成分を抽出します。EU では果実系リキュールは 1 ℓ 当たり 250g の糖分を含むと「クレーム」を名乗れるものの、クレーム・ド・カシスだけは 400g 以上を含むことと規定されています。ブルゴーニュのコート・ドール地区産カシスを原料のみを用いたときはクレーム・ド・カシス・ド・ディジョンを名乗ることができます。

078 ❷

難易度 ■■□
出題頻度 ■□□
Check 1 2 3

【紹興酒】紹興酒は浙江省紹興市付近で製造された黄酒（醸造酒）で、糯米（もちごめ）と小麦を用いた麦麹を主原料とします。伝統的には仕込み水に鑑湖の水を用いたものの、近年は水質汚染により水道水が使われていると報じられています。日本でよく飲まれている紹興酒は、糯米と麦麹を 1 割増量し、3 年熟成させた加飯酒と呼ばれるものです。黄酒を長期熟成させたものを老酒と呼び、紹興市のほか青島などでも製造されています。娘が嫁ぐ際に振る舞うために長期熟成させたものを女児紅と呼びます。

079 ❶

難易度 ■■□
出題頻度 ■□□
Check 1 2 3

【白酒】白酒は中国で製造される蒸留酒で、さまざまな穀物を原料とします。伝統的な白酒は、蒸した高粱（コウリャン）と「麹（チュー／略字で曲）」と呼ばれる麹を混ぜ、「窖（コウ）」と呼ばれる穴に入れて固体発酵させます。これを掘り出して蒸留したものが原酒となり、長期熟成により白酒となります。有名銘柄としては茅台酒（貴州省）のほか、汾酒（山西省）や桂林三花酒（広西チワン族自治区）、五糧液（四川省）、剣南春（同）など。清朝の乾隆帝が讃えた洋河大曲も有名です。

Part3 その他飲料

080　マティーニを作るときに用いられる技法を1つ選んでください。
- ❶ Build
- ❷ Stir
- ❸ Shake
- ❹ Blend

081　プレ・ディナー・ドリンクにふさわしいカクテルを1つ選んでください。
- ❶ アレクサンダー
- ❷ スティンガー
- ❸ ブラック・ルシアン
- ❹ マンハッタン

082　日本におけるミネラルウォーターの分類でナチュラルミネラルウォーターに関する記述の（　）に該当するものを1つ選んでください。

> ナチュラルミネラルウォーターの処理方法等においては（　）以外の物理的・化学的処理を行ってはいけない。

- ❶ 濾過、沈殿、加熱殺菌
- ❷ 複数の原水を混和
- ❸ ミネラル量の大幅な調整
- ❹ 電気分解、逆浸透膜濾過

Part4 和酒

083　次の記述中、下線部（a）～（d）の中で誤っている箇所を1つ選んでください。

> 清酒は主として米や米麹と水を原料として発酵し、濾したものである。原料には必ず (a) 米、米麹がなくてはならない。また、穀類に含有される (b) デンプンを酵母が発酵できる (c) 糖分に分解させるが、この役目は (d) 乳酸菌が生産する酵素によって行われる。

- ❶（a）
- ❷（b）
- ❸（c）
- ❹（d）

084　国税庁によって「酒類の醪を液状部と粕部分とに分離するすべての行為」と定められるものを1つ選んでください。
- ❶ 濾す
- ❷ 酒粕仕込み
- ❸ 槽仕込み

080 ②

難易度 ■■■
出題頻度 ■□□
Check 1 2 3

【カクテル】カクテルの基本技術には、①炭酸水を用いるときなどに使うビルド（直接グラスに注ぐ）②混ざりやすいものに使うステア（ミキシンググラス内で撹拌する）③混ざりにくいものに使うシェーク（シェーカーを用いて振る）④クラッシュド・アイスやフルーツをミキサーなどの器具を使って混ぜるブレンド、があります。マティーニ（ジンとドライ・ベルモット）はステアで作るカクテルの代表的なものです。

081 ④

難易度 ■■■
出題頻度 ■□□
Check 1 2 3

【カクテル】プレ・ディナー・ドリンク（アペリティフ）には、甘みを抑え、酸味や苦みを持ち適度なアルコールを含むものが理想的。アレクサンダーはブランデーとカカオ・リキュール、生クリームを、スティンガーはブランデーとホワイト・ペパーミントをシェークで仕上げたもの。ブラック・ルシアンはウオッカとコーヒー・リキュールをビルドで仕上げたもの。以上は甘口の代表的なカクテル。マンハッタンはウイスキーとスイート・ベルモットをステアで仕上げたもので、有名なカクテルのひとつ。

082 ①

難易度 ■■□
出題頻度 ■■□
Check 1 2 3

【ミネラルウォーター】ナチュラルミネラルウォーターは特定水源から採水した地下水であるナチュラルウォーターのうち、地下で滞留または移動中に地層中の無機塩類が溶解したものです。無機塩類の溶解が少ないものはナチュラルウォーターとなります。また、特定水源から採水された地下水でも、原水を混和したり、無機塩類量の微調整を行ったものはミネラルウォーター、電気分解や逆浸透膜濾過などにより無機塩類量を大きく変化させたものはボトルドウォーターとなります。

083 ④

難易度 ■■□
出題頻度 ■■□
Check 1 2 3

【清酒】清酒造りでは、まずデンプンを酵母が発酵できる糖分に分解（糖化）するため、蒸米に麹菌を生育させた米麹を作ります。次にこの米麹に含まれるデンプン分解酵素（α-アミラーゼ）により、醪中で糖化と発酵を並行して行います（並行複発酵）。大吟醸などの特定名称酒では、麹米使用割合が全白米の15%以上。米麹による糖化が普及したのは奈良時代で、室町時代に現在の清酒造りの原型が整ったとされます。

084 ①

難易度 ■■□
出題頻度 ■□□
Check 1 2 3

【清酒】酒税法上、①米、米麹、水を原料として発酵させ漉したもの ②米、米麹、水、清酒酒粕、そのほか政令で定める物品を原料として発酵させ漉したもの ③清酒に清酒粕を加えて漉したもの、と定義されています。②では上記の原料以外の物品の合計重量が50%を超えるものは除かれます。「漉す」とは「酒類の醪を液状部分と粕部分とに分離するすべての行為」とされ、清酒造りでは必ず行います。目の粗い漉し器を用いた濁り酒や活性清酒（発泡性の濁り酒）も「清酒」に含まれます。

085

2019年現在、地理的表示（GI）に指定されていない産地を1つ選んでください。
❶ 灘五郷
❷ 白山
❸ 伏見
❹ 山形

086

早生品種を1つ選んでください。
❶ 雄町
❷ 五百万石
❸ 美山錦
❹ 山田錦

087

酒造好適米の雄町で秀逸な産地を1つ選んでください。
❶ 赤磐地区
❷ 東条地区
❸ 社地区
❹ 吉川地区

088

品種改良されることなく、江戸期から栽培されてきた希少な品種で、晩稲らしく、よく熟して水分が多く、味わいにボリュームが出やすい特徴を持つ酒造好適米を1つ選んでください。
❶ 山田錦
❷ 五百万石
❸ 美山錦
❹ 雄町

089

蒸米、米麹、水の投入を分割し、酵母の増殖を図りながら仕込む日本酒の仕込み方法を1つ選んでください。
❶ 段掛け法
❷ 破精込み法
❸ 速醸法
❹ 山廃法

090

リンゴ酸高生産性多酸酵母を1つ選んでください。
❶ 1601号
❷ 1701号
❸ 1801号
❹ No.28

085 ❸

難易度 ■□□
出題頻度 ■□□
Check ① ② ③

【清酒】清酒における地理的表示（GI）保護制度は、白山（2005年）から始まり、日本酒（2015年）、山形（2016年）が指定されました。また、2018年には西郷、御影郷、魚崎郷、西宮郷、今津郷からなる灘五郷（神戸市の灘区と東灘区・芦屋市・西宮市）が指定されました。「日本酒」として販売できるのは、米と米麹に国産米を使い、日本国内で製造したものに限られ、外国産の米を使用した清酒や国外で製造された清酒との違いを明確にしています。

086 ❷

難易度 ■□□
出題頻度 ■□□
Check ① ② ③

【清酒】酒造好適米（玄米）の生産量上位4種は、①山田錦（3万8880t）②五百万石（2万1107t）③美山錦（7069t）④雄町（2948t）、となります（2017年農林水産省調べ）。山田錦は宮城や山形から九州まで広く栽培され、生産量全体の約35%を占めています。山田錦と雄町は晩生品種、美山錦は中生品種に分類されます。新潟県で寒冷地用に開発された五百万石は早生品種で新潟や北陸で主に栽培されています。

087 ❶

難易度 ■□□
出題頻度 ■□□
Check ① ② ③

【清酒】雄町は1859年、備前国の雄町（現・岡山市中区雄町）の篤農家・岸本甚造が伯耆大山詣での帰路で譲り受けた二穂の稲を持ち帰り、「二本草」と名付けて栽培したのが起こりとされます。現在も岡山県南部で栽培されており、中でも赤磐市は秀逸とされます。一方、東条地区（加東市）、吉川地区（三木市）、社地区（神戸市）は兵庫県南部にある産地で、山田錦の特A地区に認定されています。

088 ❹

難易度 ■■■
出題頻度 ■□□
Check ① ② ③

【清酒】山田錦は1923年に兵庫県立農事試験場にて開発され、母は山田穂、父は短稈渡船。晩稲品種で水分が多く、酒母や醪づくりで溶けやすく、奥行きのある豊潤な味わいを生みます。五百万石は1938年に新潟県で開発された早稲品種で、溶けにくい米質で、淡麗で爽やかな酒に。美山錦は長野県で選抜された品種で（1978年に命名）、大粒で心白発現率が高く、淡麗ですっきりとした味わい。雄町は江戸期からある希少品種で、短稈渡船やその子の山田錦など、現在広く栽培されている酒造米はこの子孫です。

089 ❶

難易度 ■■■
出題頻度 ■■■
Check ① ② ③

【清酒】段掛け法は蒸米、米麹、仕込水を同じ仕込容器に何回かに分けて酵母の増殖を図りながら仕込んでいくこと。3回に分けて仕込む三段掛けが一般的。その仕込みをそれぞれ初添、仲添、留添と呼びます。初添と中添の間は踊りと呼ばれ、その1日は仕込みをせずに酵母の増殖を待ちます。酒造用の粳米（うるちまい）は、中心部に白い不透明な部分（心白）がみられる米が適していると言われます。心白はデンプンの構造が疎であるため、麹菌の菌糸が食い込みやすく、酵素力の強い麹ができます。

090 ❹

難易度 ■■■
出題頻度 ■□□
Check ① ② ③

【清酒】1601号は少酸性酵母と呼ばれ、酸度は少なく、カプロン酸エチルを高生産します。1701号と1801号は高エステル生成酵母と呼ばれ、酢酸イソアミルおよびカプロン酸エチルを高生産し、発酵力が強い。中でも1801号はイソアミルアルコール（ムレ香成分の前駆物質）がきょうかい酵母の中で最少。No.28はリンゴ酸量が全有機酸の80%を占め、コハク酸は少ないのが特徴で、香気生成は7号と同じです。

091

酒母の別名を1つ選んでください。
1. 醪
2. 酛
3. 酒粕
4. 麹菌

092

日本で初めて日本酒醪から酵母を分離した人物を1つ選んでください。
1. 川上善兵衛
2. 野白金一
3. 矢部規矩
4. 山田宥教

093

「速醸系酒母」づくりに必要とされる日数として適当なものを1つ選んでください。
1. 約1週間
2. 約2週間
3. 約3週間
4. 約4週間

094

清酒におけるアルコール添加について誤りのあるものを1つ選んでください。
1. でんぷんや含糖物質を発酵後、蒸留したアルコールである
2. 適量添加すると、日本酒がより香り高く、すっきりとした味わいになる
3. 香味を劣化させる乳酸菌（火落ち菌）の増殖を防止する
4. 特定名称酒への使用量（アルコール分95%換算の重量）は、白米の重量の20%までよい

095

清酒の製法品質表示で、醸造アルコールの添加が認められ精米歩合50%以下で醸造される日本酒の特定名称を1つ選んでください。
1. 大吟醸酒
2. 特別純米酒
3. 純米吟醸酒
4. 純米大吟醸酒

096

日本酒の「熱燗」に該当する温度を次の中から1つ選んでください。
1. 40℃前後
2. 50℃前後
3. 60℃前後
4. 70℃前後

091 ❷

難易度 ■■■
出題頻度 ■■□
Check 1 2 3

【清酒】酒母は酛（もと）とも呼ばれる、目的とする酒質に適した酵母を増殖させた培養液で、醪（もろみ）の発酵を順調に進めるためのものです。清酒醪は雑菌の侵入を受けやすいので、酒母に乳酸菌を含有させることによって安定した発酵を導きます。酒母には、①醸造用乳酸を最初から添加して作る速醸系酒母 ②乳酸菌に生成させた乳酸を使って作る生酛系酒母、があります。生酛や山廃酛は後者にあたります。

092 ❸

難易度 ■□□
出題頻度 ■□□
Check 1 2 3

【清酒】矢部規矩は1895年、日本酒醪から清酒酵母を分離した人物で、その酵母はサッカロミセス・サケ・ヤベ（Saccharomyces sake Yabe）として発表されました。野白金一は「香露」を掲げる熊本県酒造研究所の技師長で、日本酒の品質向上に貢献したことから「酒の神様」と呼ばれました。川上善兵衛は1893年に岩の原葡萄園（新潟県）を設立した人物で、多くのぶどう品種の育種で知られます。山田宥教は詫間憲久とともに1874年に国内でワインを初めて生産したとされる人物です。

093 ❷

難易度 ■■□
出題頻度 ■■□
Check 1 2 3

【清酒】生酛系酒母が約4週間かかるのに対して、速醸系酒母は約2週間で完成します。速醸系酒母は醸造用乳酸を添加して行う酒母培養で、現在は大半を占めています。雑菌や野生酵母による影響が少なく、より安全性の高いのが特徴。一方、生酛系酒母は自然の乳酸菌を取り込んで増殖させるため、技術や手間を求められるものの、うまみや酸の豊かな酒質を生みます。また、江戸初期に確立された生酛から、蒸米と麹を水を混ぜてすりつぶす「山卸」という作業を省略した山廃酛は明治期に開発されました。

094 ❹

難易度 ■■□
出題頻度 ■■□
Check 1 2 3

【清酒】アルコール添加は上槽と呼ばれる、醪を搾る作業の日に行います。通常はアルコール分30％の醸造アルコールを添加しながら、醪をよく撹拌します。特定名称酒への使用量（アルコール分95％換算の重量）は、白米の重量の10％を超えてはならないとされています。かつては増量を目的とするアルコール添加が見られたものの、近年はその他の選択肢にある通り、品質向上を目的に行われることが一般的です。

095 ❶

難易度 ■■□
出題頻度 ■■■
Check 1 2 3

【清酒】純米酒系は醸造用アルコールの添加が認められておらず、米と米麹を原料とします。精米歩合により純米大吟醸(50％以下)、純米吟醸(60％以下)、純米酒(それに満たない)に分類されます。また、精米歩合60％以下または特別な製造方法によるものは特別純米酒に分類されます。一方、アルコール添加を行ったものは、大吟醸（50％以下）、吟醸（60％以下）、本醸造酒（70％以下）に分類されます。また、精米歩合60％以下または特別な製造方法によるものは特別本醸造酒に分類されます。

096 ❷

難易度 ■□□
出題頻度 ■□□
Check 1 2 3

【清酒】日本酒は5〜60℃ほどと幅広い飲用温度で味わう文化が育まれてきました。冷蔵庫が普及していない時代は、燗をつけない常温のままの酒を「冷や」と呼びました。いまは40℃前後の「ぬる燗」が、人の舌がうまみや甘みを最も強く感じる温度と薦める説もあります。また、50℃前後を「熱燗」や、それ以上の温度でもバランスを崩さないことをめざした商品も登場しています。うまく燗をつけると、香りが豊かに広がり、味わいも膨らみ、口あたりがまろやかになります。

097 琉球泡盛に使用されている麹菌を1つ選んでください。
❶ 白麹菌
❷ 黄麹菌
❸ 黒麹菌
❹ 紅麹菌

098 単式蒸留による焼酎で米不足が原因で、麦を原料として造ったのが始まりとされるものを1つ選んでください。
❶ 黒糖焼酎
❷ 琉球焼酎
❸ 球磨焼酎
❹ 壱岐焼酎

099 常圧蒸留と減圧蒸留の特徴として正しいものを1つ選んでください。
❶ 常圧蒸留では品温を 85 ～ 95℃まであげる必要がある
❷ 常圧蒸留は軽快で華やかな香りが出て、淡麗でソフトな飲み口となる
❸ ふたつの製法を使い分けて異なる製品を造り、両方をブレンドすることはない

100 単式蒸留焼酎には、芋焼酎、そば焼酎、雑穀焼酎などきわめて多彩な種類があるが、この違いが出る要因に該当するものを1つ選んでください。
❶ 一次醪原料
❷ 二次醪原料
❸ 麹菌
❹ 蒸留後の添加原料

101 次の中から、WTO（世界貿易機関）が認定した地理的表示ではないものを1つ選んでください。
❶ 壱岐焼酎
❷ 球磨焼酎
❸ 黒糖焼酎
❹ 薩摩焼酎

097

難易度 ■■■
出題頻度 ■■■
Check ①②③

【焼酎】琉球泡盛は15世紀中頃に定着し、日本における焼酎の元祖とも言われています。米麹（黒麹菌）のみを原料とし、一次発酵のまま単式蒸留します。古酒（クース）はかめなどで3年以上貯蔵するのが特徴です。麹菌は胞子の色の違いにより白麹菌や黒麹菌などに分類されます。白麹菌は主に焼酎で、黄麹菌は味噌や醤油、清酒で、紅麹菌は中国や台湾、沖縄において紅酒や豆腐餻（とうふよう）に用いられます。

098

難易度 ■■□
出題頻度 ■■■
Check ①②③

【焼酎】壱岐焼酎は米麹と大麦で仕込むのが特徴です。16世紀頃に蒸留法が大陸より伝えられたと言われています。江戸時代、年貢米の徴収がきびしく、島民は年貢の対象ではなかった大麦を食用として栽培していました。米不足のときに大麦で仕込んだのが始まりです。黒糖焼酎は奄美大島周辺で造られるもので、米麹や黒糖で仕込みます。球磨焼酎は人吉地方（熊本県）で造られるもので、米を原料とします。

099

難易度 ■■■
出題頻度 ■□□
Check ①②③

【焼酎】常圧では醪を沸騰させるには85〜95℃に上げます。一方、減圧すると、45〜55℃で沸騰します。華やかな香りの成分は、醪の温度が低い方が取り出しやすいものの、高温で初めて取れる香気成分もあります。減圧蒸留は軽快で華やかな香りと淡麗でソフトな飲み口、常圧蒸留は芳醇で豊かな味わいを得られます。ふたつの製法を使い分けて異なるタイプの製品を造ったり、両方の焼酎のブレンドに力を入れたりする蔵もあります。

100

難易度 ■■□
出題頻度 ■■□
Check ①②③

【焼酎】単式蒸留焼酎はより個性の強いもので、二次醪原料の違いにより味わいにも特徴があります。芋は甘くやわらかい味わいで、麦は味わいにアクセントを持った軽快な風味、米はしっかりとコクがあるタイプ、黒糖はすっきりした味わいになります。黒糖焼酎と同じくサトウキビを原料とする蒸留酒ラムとの違いは、固形の黒砂糖と米麹を使用すること。連続式蒸留焼酎はすっきりとしたピュアな性質で、チューハイのベースとして使われたりします。

101

難易度 ■■■
出題頻度 ■□□
Check ①②③

【焼酎】世界貿易機関が定めた「知的所有権の貿易関連の側面に関する協定（TRIPS）」（1995年発効）を受け、日本でも「酒税の保全及び酒類業組合等に関する法律」が改正され、同法のもとで「地理的表示に関する表示基準」を定め、ぶどう酒および蒸留酒の保護を図ってきました。焼酎では「壱岐」「球磨」「琉球」「薩摩」が定められています。また、2005年にはTRIPSの範囲を超えて、清酒の「白山（石川県）」が認定されました。

Chapter 2

Part1 フランス概論

102
19世紀に入りフランスワインが隆盛に向かうきっかけとなった歴史的事項を1つ選んでください。
❶ フランス革命
❷ 原産地統制名称（A.O.C.）の制定
❸ アキテーヌ公妃アリエノールと英国王の結婚
❹ 産業革命

103
次の中からフランスのシャンパーニュ、ブルゴーニュ、ロワール川上流地域の気候に共通するものを1つ選んでください。
❶ 海洋性気候
❷ 高山性気候
❸ 地中海性気候
❹ 大陸性気候

104
2016年の統計でフランスで最も栽培面積の広いワイン用ぶどう品種を1つ選んでください。
❶ Ugni Blanc
❷ Chardonnay
❸ Sérine
❹ Merlot

105
次のフランスのワイン用ぶどうの別名の組み合わせの中から正しいものを1つ選んでください。
❶ Aligoté = Gros Plant
❷ Cinsault = Tibouren
❸ Rolle = Vermentino
❹ Grenache Blanc = Bourboulenc

106
次のA.O.C.の中からフランスの新酒Vin de Primeurの規定で、赤・ロゼ・白の生産が認められているものを1つ選んでください。
❶ Beaujolais
❷ Bourgogne
❸ Mâcon
❹ Côtes du Roussillon

ワイン産地／フランス

圧倒的な存在感を誇るのがフランスです。以前は出題数も多く、難易度もきわめて高かったものの、近年は出題数が減るとともに、難易度も抑えられています。各産地の代表的銘柄に関して特徴や規制など、基本的な事項を中心に整理しておきましょう。

102 ④

難易度 ■■□
出題頻度 ■■□
Check ①②③

【歴史】紀元前1世紀、フランスはローマ帝国に組み込まれ、ぶどう栽培とワイン醸造が伝えられました。中世にはキリスト教の勢力拡大とともに、ワイン生産も発展します。12世紀、アキテーヌ女公の夫ノルマンディ公アンリが英国王となり、フランスワインの輸出量が拡大。18世紀後半、フランス革命の混乱でワイン生産も停滞するものの、19世紀の産業革命で経済が発展、隆盛に向かいます。19世紀後半、たび重なる病害により偽造事件が頻発したことから、1935年に原産地制度が設けられます。

103 ④

難易度 ■□□
出題頻度 ■■□
Check ①②③

【地理】フランスの国土は北緯42～51度に位置しており、北部のノルマンディやフランドルを除いて、全国でぶどうが栽培されています。大西洋岸のボルドーとロワール川下流域は温和で湿潤な海洋性気候、ラングドック・ルーションやローヌ川流域南部、プロヴァンス・コルスは暖かく乾いた地中海性気候。シャンパーニュやブルゴーニュ、ロワール川上流域、アルザス、ローヌ川流域北部は大陸性気候、アルザス、ジュラは半大陸性気候になります。

104 ④

難易度 ■□□
出題頻度 ■■■
Check ①②③

【品種】2016年のフランスのぶどう栽培面積は75万4473haで、スペインに次ぐ世界第2位となります。2014/15年の品種別栽培面積（France AgriMer資料）は白ぶどうでは、①ユニ・ブラン（8.4万ha）②シャルドネ（4.9万ha）③ソーヴィニヨン・ブラン（3万ha）④セミヨン（1.1万ha）⑤ムロン・ド・ブルゴーニュ（ミュスカデ、1万ha）、が上位を占めます。黒ぶどうでは、①メルロ（11.5万ha）②グルナッシュ（8.5万ha）③シラー（6.6万ha）④カベルネ・ソーヴィニヨン（5万ha）⑤カリニャン（3.7万ha）。

105 ③

難易度 ■■□
出題頻度 ■■□
Check ①②③

【品種】プロヴァンスで栽培されているロールは、コルスではマルヴォワジ・ド・コルス、イタリアのリグーリア州やサルデーニャ州ではヴェルメンティーノと呼ばれます。グロ・プランは大西洋岸で栽培されているフォル・ブランシュの別名。サンソーは南仏で広く栽培される黒ぶどう。ティブレンはプロヴァンスで栽培される黒ぶどう。グルナッシュ・ブランやブールブーランは南仏や地中海沿岸で広く栽培されている白ぶどう。

106 ④

難易度 ■■□
出題頻度 ■□□
Check ①②③

【法律】ヴァン・ド・プリムールはヴァン・ヌーヴォー（Vin Nouveau）と同義語で、新酒のことです。有名なボージョレは、11月第3木曜日からの販売が許可されています。販売に際しては、ラベルに収穫年を表示しなくてはなりません。ボージョレは赤ワインとロゼワインが販売できますが、クリュ・デュ・ボージョレは販売できません。マコンは白ワインのみが販売できます。ボルドーでは販売が認められておらず、ブルゴーニュは廃止され、ブルゴーニュ・アリゴテとコトー・ブルギニヨン（白）が認められました。

107
Chablis Grand Cru の中で最も面積が大きなクリマを1つ選んでください。
1. Blanchot
2. Les Clos
3. Grenouilles
4. Valmur

108
ブルゴーニュ地方のヨンヌ県で赤ワインだけの生産が認められている A.O.C. を1つ選んでください。
1. Irancy
2. Saint-Bris
3. Bourgogne Tonnerre

109
白ワイン・ロゼワイン・赤ワイン全てを生産することが可能な A.O.C. を1つ選んでください。
1. Bourgogne Hautes-Côtes de Nuits
2. Côte de Nuits-Villages
3. Nuits-Saint-Georges
4. Côte de Beaune-Villages

110
次の中から Charmes-Chambertin を名乗ることができる畑を1つ選んでください。
1. Chambertin
2. Chambertin-Clos de Bèze
3. Mazis-Chambertin
4. Mazoyères-Chambertin

111
Gevrey-Chambertin のプルミエ・クリュを1つ選んでください。
1. Les Amoureuses
2. Les Charmes
3. Clos Saint-Jacques
4. Les Ruchots

112
モレ・サン・ドニ村とシャンボール・ミュジニィ村にまたがる特級畑を1つ選んでください。
1. Bonnes-Mares
2. Clos de Tart
3. Clos de la Roche
4. Musigny

ワイン産地／フランス

107 ❷

難易度 ■■■
出題頻度 ■■■
Check 1 2 3

【シャブリ】4階級から構成されるシャブリの最上位にあるシャブリ・グラン・クリュには7個のクリマ（区画）があります。中でもレ・クロは最大面積を占めるとともに、シトー修道会が最初に開墾した区画になります。また、ヴォーデジール内のムートンヌと呼ばれる一部分はシトー修道会が長く所有した歴史的な畑であることから、特別に区画名として「ムートンヌ」を掲げることが認められています。

108 ❶

難易度 ■□□
出題頻度 ■■□
Check 1 2 3

【シャブリ】シャブリ＆グラン・オーセロワ地区は村名以上のワインは白のみに限定されていましたが、1999年にピノ・ノワール主体から造る赤ワインのイランシー、2003年にソーヴィニヨンから造る白ワインのサン・ブリが認められました。また、この地域では地方名のブルゴーニュでも、ブルゴーニュ・トネル（白のみ）やブルゴーニュ・エピヌイユ（赤・ロゼ）というように、地域名を併記できるようになりました。

109 ❶

難易度 ■■■
出題頻度 ■■□
Check 1 2 3

【コート・ドール】ブルゴーニュ・オート・コート・ド・ニュイはコート・ド・ニュイ地区の西側にある丘陵地で認められているアペラシオンで、白ワイン・ロゼワイン・赤ワインのいずれもが生産できます。コート・ド・ニュイ・ヴィラージュはニュイ地区の北端と南端で認められたアペラシオンで、白ワインと赤ワインのみ。ニュイ・サン・ジョルジュはニュイ地区の村名で、白ワインと赤ワインのみ。コート・ド・ボーヌ・ヴィラージュはボーヌ地区で広く認められたアペラシオンで赤のみ。

110 ❹

難易度 ■■□
出題頻度 ■□□
Check 1 2 3

【コート・ドール】クロ・ド・ベーズはブルゴーニュ最古のクリマで、630年に設立された聖ピエール・ド・ベーズ修道院がアマルゲール公爵から寄進された土地を開墾したのが起こり。隣接する土地は栽培家ベルタンのワインが評判となり、13世紀にシャンベルタンと呼ばれるようになりました。クロ・ド・ベーズはシャンベルタンを名乗ることが認められています。マゾワイエール・シャンベルタンとシャルム・シャンベルタンはお互いに名乗り合うことができるものの、ほとんどはシャルムを掲げます。

111 ❸

難易度 ■■■
出題頻度 ■■■
Check 1 2 3

【コート・ドール】1級でも特級に匹敵するほどのきわめて評価の高いクリュがあります。代表的なものとしては、クロ・サン・ジャック（ジュヴレ・シャンベルタン村）、レ・ソルベ（モレ・サン・ドニ村）、レ・ザムルーズ（シャンボール・ミュジニィ村）、クロ・デ・レア（ヴォーヌ・ロマネ村）、レ・スショ（同）、レ・グラン・ゼプノ（ポマール村）、レ・リュジアン・バ（同）、カイユレ（ヴォルネイ村）、レ・ペリエール（ムルソー村）など。

112 ❶

難易度 ■■□
出題頻度 ■□□
Check 1 2 3

【コート・ドール】モレ・サン・ドニ村にはクロ・ド・ラ・ロッシュやクロ・サン・ドニ、クロ・デ・ランブレ、クロ・ド・タール、ボンヌ・マールという5個の特級があります。この中でボンヌ・マールはシャンボール・ミュジニィ村に大部分があるものの、一部がモレ・サン・ドニ村にまたがっています。クロ・ド・タールは12世紀にタール尼僧院が開墾した畑で、フランス革命を経ても分割されていない唯一の特級です。革命後にマレ・モンジュ家を経て、現在はフランソワ・ピノが所有しています。

113
白ワイン・赤ワインともに生産が認められている A.O.C. を 1 つ選んでください。
❶ Gevrey-Chambertin
❷ Musigny
❸ Vosne-Romanée
❹ Volnay

114
Romanée-Conti に隣接する畑の中で、真東に位置するグラン・クリュを 1 つ選んでください。
❶ La Romanée
❷ Romanée-Saint-Vivant
❸ La Tâche
❹ Richebourg

115
次のブルゴーニュ地方 Côte de Nuits 地区の A.O.C. の中から、最も面積が広いものを 1 つ選んでください。
❶ Marsannay
❷ Gevrey-Chambertin
❸ Morey-Saint-Denis
❹ Vougeot

116
Grand Cru Corton-Charlemagne を産出する村名（コミュナル）を 1 つ選んでください。
❶ Monthélie
❷ Auxey-Duresses
❸ Santenay
❹ Pernand-Vergelesses

117
地図中の A ～ E の中から Criots-Bâtard-Montrachet を示す所を 1 つ選んでください。
❶ A
❷ B
❸ C
❹ D
❺ E

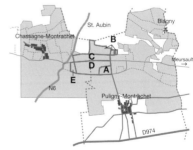

113 **❷**

難易度 ■■■
出題頻度 ■■□
Check 1 2 3

【コート・ドール】ジュヴレ・シャンベルタン、シャンボール・ミュジニィ、ヴォーヌ・ロマネ、ヴォルネイはいずれも赤ワインのみが認められた村名アペラシオンです。ミュジニィはシャンボール・ミュジニィ村にある特級で、赤ワインに加えて例外的に白ワインが認められています。ただし、生産者はコント・ジョルジュ・ド・ヴォギュエのみで、1994年以降は植替えのため A.O.C. ブルゴーニュとして出荷しています。

114 **❷**

難易度 ■■□
出題頻度 ■■□
Check 1 2 3

【コート・ドール】ヴォーヌ・ロマネ村には6個の特級があり、ロマネ・コンティを取り囲むように広がっています。ロマネ・コンティの真東にはロマネ・サン・ヴィヴァン、真西にはラ・ロマネ、南にはラ・グランド・リュ、北にはリシブールとなります。ラ・グランド・リュのさらに南にはラ・ターシュがあります。ロマネ・コンティとラ・ターシュはドメーヌ・ド・ラ・ロマネ・コンティ社、ラ・ロマネはシャトー・ド・ヴォーヌ・ロマネ、ラ・グランド・リュはラマルシュ家の単独所有となっています。

115 **❷**

難易度 ■■□
出題頻度 ■■□
Check 1 2 3

【コート・ドール】コート・ドール地区で栽培面積（2011年実績、BIVB資料）の上位は、①ボーヌ（410ha）②ジュヴレ・シャンベルタン（403ha）③ムルソー（396ha）④サヴィニィ・レ・ボーヌ（346ha）⑤サントネイ（328ha）⑥ポマール（321ha）⑦ニュイ・サン・ジョルジュ（307ha）⑧シャサーニュ・モンラッシェ（304ha）。②と⑦はコート・ド・ニュイ地区、残りはコート・ド・ボーヌ地区になります。

116 **❹**

難易度 ■■□
出題頻度 ■■□
Check 1 2 3

【コート・ドール】コルトンの丘をぐるりと取り囲むように特級コルトンが認められています。東側斜面（ラドワ・セリニィ村）から南側斜面（アロース・コルトン村）はコルトンを名乗り、ほとんどが赤ワインで、わずかに白ワインが造られています。南東側斜面上部（アロース・コルトン村）から西側斜面（ペルナン・ヴェルジュレス村）にかけてはコルトン・シャルルマーニュを掲げ、白ワインを造ります。

117 **❺**

難易度 ■■□
出題頻度 ■■□
Check 1 2 3

【コート・ドール】ピュリニィ・モンラッシェ村とシャサーニュ・モンラッシェ村にまたがるのは、斜面中央のモンラッシェ（C）と斜面下部のバタール・モンラッシェ（D）です。バタール・モンラッシェの北側と南側には小区画があります。ピュリニィ側にだけあるのはビアンヴニュ・バタール・モンラッシェ（A）、シュヴァリエ・モンラッシェ（B／斜面上部）。シャサーニュ側にだけあるのはクリオ・バタール・モンラッシェ（E）となります。コート・ドールの地図問題としては、ジュヴレ・シャンベルタンとヴォーヌ・ロマネの特級の位置判別も頻出です。

Part2 ブルゴーニュ

118 ワイン用ぶどう品種 Aligoté を 100%使用して造られる A.O.C. を 1 つ選んでください。
❶ Maranges
❷ Rully
❸ Bouzeron
❹ Montagny

119 次の中からクリュ・デュ・ボージョレで最も生産量が多いものを 1 つ選びなさい。
❶ Brouilly
❷ Morgon
❸ Saint-Amour
❹ Moulin-à-Vent

Part3 ボルドー

120 メドックの格付け 3 級で Saint-Estèphe 村のシャトーを 1 つ選んでください。
❶ Château Montrose
❷ Château Pontet-Canet
❸ Château Lafon-Rochet
❹ Château Calon-Ségur

121 Château Mouton-Rothschild が Premiers Grands Crus に昇格した年を 1 つ選んでください。
❶ 1963 年
❷ 1973 年
❸ 1983 年
❹ 1993 年

122 Château Malescot Saint-Exupéry の格付けを 1 つ選んでください。
❶ サン・ジュリアン 4 級
❷ サン・テステフ 3 級
❸ ポイヤック 4 級
❹ マルゴー 3 級

解答と解説◉ Answer

118 ③

難易度 ■■□
出題頻度 ■■□
Check 1 2 3

【シャロネーズ】ブーズロンはコート・シャロネーズ地区にあり、アリゴテで唯一認められた村名 A.O.C. です。マランジュはコート・ドール地区で最も新しい村名 A.O.C. で、赤ワインと白ワインが認められており、いずれも 1 級が認められています。リュリーはコート・シャロネーズ地区の村名 A.O.C. で、赤ワインと白ワインが認められています。モンタニィはコート・シャロネーズ地区の村名 A.O.C. で、白ワインのみが認められています。

119 ①

難易度 ■■□
出題頻度 ■□□
Check 1 2 3

【ボージョレ】ボージョレ地区はマコンからリヨンまでの広大な産地で、1 地区だけでブルゴーニュの総生産量の 6 割近くを占めています。地区のほとんどでガメイが栽培されており、北部地域の花崗岩からなる丘陵地帯ではクリュ・デュ・ボージョレと呼ばれる村名 A.O.C. を持った上級酒が造られています。11 月の第 3 木曜日に販売が解禁されるボージョレ・ヌーヴォーは、地区生産量の 1/3 ほどを占めており、日本が世界最大の輸出先となっています。

120 ④

難易度 ■■■
出題頻度 ■■■
Check 1 2 3

【格付け】メドック地区では 61 軒のシャトーが 5 つの A.O.C. で、1 級から 5 級に格付けされています。以前は本題のように村と級をともに判断させるものが一般的でしたが、近年は村のみ、あるいは級のみを判別するものが主流となっています。モンローズは 2 級（サン・テステフ）、ポンテ・カネは 5 級（ポイヤック）、ラフォン・ロッシェは 4 級（サン・テステフ）、カロン・セギュールは 3 級（サン・テステフ）に格付けされています。

121 ②

難易度 ■■□
出題頻度 ■■□
Check 1 2 3

【格付け】メドック地区の格付けはナポレオン 3 世の命により作成され、1855 年のパリ万国博覧会にて発表されました。原則的に昇降格はないものの、1973 年にムートン・ロートシルトが第 2 級から第 1 級に昇格しました。毎年、現代作家によるアートラベルが瓶に貼られますが、1973 年はキュビスムの創始者と讃えられるパブロ・ピカソによるもの。その他の有名画家は 1958 年（ダリ）、1970 年（シャガール）、1975 年（ウォーホール）、1988 年（キース・ヘリング）など。

122 ④

難易度 ■■■
出題頻度 ■■■
Check 1 2 3

【格付け】ルイ 14 世の法務顧問を務めたシモン・マレスコが 1697 年に土地を取得し、小説『星の王子様』で有名なアントワーヌ・ド・サン・テグジュペリの曽祖父が 1825 年に購入した際、2 つの家名を併記するようになりました。ボルドーは著名人を多く輩出しており、14 世紀に教皇庁をアヴィニョンに移したクレメンス 5 世、『随想録』を著した 16 世紀の哲学者ミシェル・ド・モンテーニュ、三権分立論を唱えた 18 世紀の哲学者シャルル・ド・モンテスキューなどがいます。

123

グラーヴの格付けにおいて、赤ワインだけが認められているシャトーを1つ
選んでください。
❶ Château Carbonnieux
❷ Château Olivier
❸ Château de Fieuzal
❹ Château Laville Haut-Brion

124

次のサン・テミリオン地区に関わる文章で正しいものを1つ選んでください。
❶ サン・テミリオンの格付けは12年に一度見直される
❷ 現在プルミエ・グラン・クリュ・クラッセには18シャトーが格付けさ
れている
❸ サン・テミリオン衛星地区には6つのA.O.C.がある
❹ サン・テミリオン地区はリブルヌの西側に位置している

125

次の中からA.O.C. Pomerol のシャトーを1つ選んでください。
❶ Château la Conseillante
❷ Château Grand-Pontet
❸ Château Pape Clément
❹ Château de Camensac

126

ソーテルヌ＆バルサックの格付けで、ソーテルヌ村で生産されている
Premiers Crus のシャトーを1つ選んでください。
❶ Château Coutet
❷ Château Filhot
❸ Château Guiraud
❹ Château Climens

127

地図中のA〜Eの中から
Sauternes を示す所を1つ選ん
でください。
❶ A
❷ B
❸ C
❹ D
❺ E

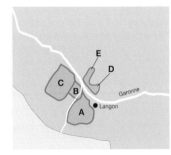

123 ❸

難易度 ■■□
出題頻度 ■■■
Check 1 2 3

【格付け】グラーヴ地区では1953年に格付けが制定され（1959年修正）、現在は15軒が認定されています。他地区とは異なり、赤ワインと白ワインに対して格付けが行われています。有名なものとしては赤のみではオー・ブリオンやパプ・クレマン、スミス・オー・ラフィットなど。赤白ともに認められているのはド・シュヴァリエやカルボニュー、オリヴィエなど。赤のみだったラ・ミッション・オー・ブリオンが2009年、白のみだったラヴュ・オー・ブリオンを統合し、赤白になりました。

124 ❷

難易度 ■■□
出題頻度 ■■■
Check 1 2 3

【格付け】サン・テミリオン地区は赤ワインに対して格付け（プルミエ・グラン・クリュ・クラッセ）が行われており、ほぼ10年ごとに改正（昇降格）が行われます。最上位となるAグループは従来のオーゾンヌとシュヴァル・ブランに加えて、2012年にアンジェリュスとパヴィーが加わりました。それに続くBグループにはカノン・ラ・ガフリエール、ラルシ・デュカス、ラ・モンドット、ヴァランドローが加わりました。また、マグドレーヌはベレールに統合され、ベレール・モナンジュと改名されました。

125 ❶

難易度 ■■□
出題頻度 ■■□
Check 1 2 3

【格付け】ポムロール地区は格付けが行われていないものの、ボルドーでも最も評価の高い産地のひとつ。クラス・ド・フェールと呼ばれる鉄分を含んだ粘土質で、高比率でメルロが栽培されています。熟成するとジビエやトリュフの香りが生まれます。有名な銘柄としてはペトリュースやル・パン、トロタノワ、ヴュー・シャトー・セルタンなどがあります。また、ラフルールだけは砂利質土壌であるため、カベルネ・フラン主体の構成になります。

126 ❸

難易度 ■■□
出題頻度 ■■■
Check 1 2 3

【格付け】1855年のパリ万国博覧会でメドック地区の赤ワインとともに、ソーテルヌ＆バルサック地区の甘口ワインも格付けが公表されました。イケム（ソーテルヌ村）をプルミエ・クリュ・シュペリュール（特別第1級）として別格扱いにして、スデュイロー（プレニャック村）やリューセック（ファルグ村）、ギローなど11軒をプルミエ・クリュとしました。また、ドワジ・デーヌ（バルサック村）やフィロー（ソーテルヌ村）など15軒を2級としました。

127 ❶

難易度 ■■□
出題頻度 ■■□
Check 1 2 3

【地理】ソーテルヌ＆バルサック地区はシロン川がガロンヌ川に合流する際に発生する川霧に覆われやすい土地です。ガロンヌ川左岸にはソーテルヌとバルサック、セロンスがあります。また、同右岸にはサント・クロワ・デュ・モンとルーピアック、カディヤックがあります。ソーテルヌとバルサックは貴腐のみ、その他は貴腐またはパスリヤージュが認められています。バルサックは独自のA.O.C.だけでなく、ソーテルヌを掲げることもできます。バルサックにはクーテとクリマンスという格付けシャトーがあります。この他、ボルドーの地図問題としては、メドック地区の村の位置を問うものも頻出です。

128

シャンパーニュが祝宴の酒として認知されるきっかけのひとつとして、ランス大聖堂で行われていた行事を1つ選んでください。
❶ 王主催晩さん会
❷ 王の戴冠式
❸ 王の大葬

129

シャンパーニュ地方でシャルドネを主体に栽培している地区を1つ選んでください。
❶ モンターニュ・ド・ランス地区
❷ ヴァレー・ド・ラ・マルヌ地区
❸ コート・デ・ブラン地区

130

次の中からモンターニュ・ド・ランス地区にある100%クリュを1つ選んでください。
❶ Aÿ
❷ Bouzy
❸ Cramant
❹ Oger

131

シャンパーニュの製造規定の中でブドウ4000kgに対しての最大搾汁果汁量を1つ選んでください。
❶ 2000 ℓ
❷ 2050 ℓ
❸ 2400 ℓ
❹ 2550 ℓ

132

Champagne Non Millésimé の Tirage 後の最低熟成期間を1つ選んでください。
❶ 12 カ月
❷ 15 カ月
❸ 18 カ月
❹ 24 カ月

133

シャンパーニュ地方のラベル表示の用語で、「N.M.」の意味を1つ選んでください。
❶ 収穫年を表示するシャンパーニュ
❷ ぶどうを一部あるいは全部外部から購入し製造するシャンパーニュ
❸ 協同組合が製造するシャンパーニュ
❹ 自家ぶどう栽培中心のシャンパーニュ

128 ❷

難易度 ■□□
出題頻度 ■□□
Check ① ② ③

【シャンパーニュ】ランスはローマ帝国時代にはガリア・ベルギガ（現在の北フランスとベネルクスなど）の州都とされました。帝国の崩壊後、メロヴィング朝フランク王国を建てたクロヴィス1世は498年にカトリックに改宗し、498年にランスで戴冠式を行いました。その後、歴代フランス国王はランスで戴冠式を経て、公式に王位を継承するのが慣習となります。戴冠式が行われたノートルダム大聖堂は現在、画家マルク・シャガールのステンドグラスで有名です。

129 ❸

難易度 ■■□
出題頻度 ■■□
Check ① ② ③

【シャンパーニュ】シャンパーニュでは法律で8品種の栽培が認められていますが、実際に栽培されているのは、白ぶどうのシャルドネ、黒ぶどうのピノ・ノワールとムニエの3品種にほぼ限られます。主要産地はピノ・ノワールを主に栽培するモンターニュ・ド・ランス地区、ムニエを主に栽培するヴァレ・ド・ラ・マルヌ地区、ほぼシャルドネを栽培するコート・デ・ブラン地区となります。

130 ❷

難易度 ■■■
出題頻度 ■□□
Check ① ② ③

【シャンパーニュ】シャンパーニュでは村ごとにその年のぶどうの買取価格が決められました（1999年に廃止）。その基準額100%を与えられた17村をグラン・クリュ、90〜99%で査定された42村をプルミエ・クリュと呼びます。グラン・クリュはモンターニュ・ド・ランス地区ではアンボネー、ブージー、マイイ、ヴェルズネーなど9村。ヴァレー・ド・ラ・マルヌ地区ではアイとトゥール・シュール・マルヌの2村。コート・デ・ブラン地区ではアヴィーズ、クラマン、ル・メニル・シュール・オジェ、オジェなど6村。

131 ❹

難易度 ■■□
出題頻度 ■□□
Check ① ② ③

【シャンパーニュ】収穫されたぶどうはシャンパーニュ独自の薄型の圧搾機で搾汁されます。この際、1回目の搾汁をラ・キュヴェ（La Cuvée）またはテート・ド・キュヴェ（Tête de Cuvée）と呼び、4000kgのぶどうから2050ℓの果汁を得ます。これはシャンパーニュ地方の樽ピエス10樽分に相当します。また、2回目の搾汁をプルミエール・タイユ（Première Taille）と呼び、500ℓを得ます。2回の搾汁による2550ℓのみが醸造に使用できます。

132 ❷

難易度 ■□□
出題頻度 ■■□
Check ① ② ③

【シャンパーニュ】瓶内二次発酵はシャンパーニュの特徴的な工程です。瓶の中で滓とともに熟成を経ることにより（Maturation sur Lie）、パンのような独特の風味とキメ細かい泡立ちが生まれます。瓶詰め（Tirage）後、ノン・ヴィンテージ・シャンパーニュでは最低15カ月、ヴィンテージ・シャンパーニュの場合は最低3年の熟成が義務付けられています。その後、出荷前に動瓶（Rumuage）、滓抜き（Dégorgement）、門出のリキュール（Liqueur d'Expédition／ドザージュ Dosage）が行われます。

133 ❷

難易度 ■■□
出題頻度 ■■□
Check ① ② ③

【シャンパーニュ】シャンパーニュでは栽培と醸造の分業が一般化しており、製造形態を略式記号としてラベルに記載しています。大部分はネゴシアン・マニピュラン（N.M.：Négociant-Manipulant）と呼ばれる、原料を外部から調達する製造会社です。一方、栽培から瓶詰めまでを一貫して行うのがレコルタン・マニピュラン（R.M.：Récoltant-Manipulant）。その他、共同組合（C.M.）や製造委託によるもの（M.A.）、栽培家で構成される組合（R.C.）、同族の栽培家で構成される製造会社（S.R.）があります。

134　アルザス地方のぶどう畑が広がる丘陵の山脈を1つ選んでください。
❶ ヴォージュ山脈
❷ ピレネー山脈
❸ アルプス山脈
❹ オーヴェルニュ山脈

135　アルザス地方のワイン用ぶどう品種で「スパイシーな」という意味を持つワイン用ぶどう品種を1つ選んでください。
❶ リースリング
❷ ミュスカ・ダルザス
❸ ピノ・グリ
❹ ゲヴュルツトラミネール

136　Alsace Grand Cru のリュー・ディ Zotzenberg に使用が認められていないワイン用主要ぶどう品種を1つ選んでください。
❶ Riesling
❷ Gewürztraminer
❸ Pinot Blanc
❹ Sylvaner

137　アルザス地方で粒選り摘みの貴腐ぶどうのみを使用したワインの表記を1つ選んでください。
❶ ヴァンダンジュ・タルディヴ
❷ プリチュール・ノーブル
❸ セレクション・ド・グラン・ノーブル
❹ トロッケンベーレンアウスレーゼ

138　ロワール地方に関する記述の中から正しいものを1つ選んでください。
❶ ロワール川は1500kmあまりのフランス第2の河川である。
❷ トゥーレーヌ地区の土壌は花崗岩土壌や火山性土壌で構成されている。
❸ サントル・ニヴェルネ地区にはロワール川を挟んで下流に向かって左岸にプイイ・シュール・ロワール、右岸にサンセールの村が向かい合っている。
❹ アンジュー&ソミュール地区の石灰質の岩は「テュフォー」と呼ばれている。

139　ロワール地方の A.O.C で白だけが認められているものを1つ選んでください。
❶ Bourgueil
❷ Sancerre
❸ Pouilly-Fumé
❹ Saumur Champigny

134 ❶

難易度 ■■□□
出題頻度 ■■■
Check [1][2][3]

【アルザス】アルザスの栽培地はヴォージュ山脈の東側斜面をストラスブールからミュルーズまで約100km、幅1〜5kmの帯状に広がっています。このヴォージュ山脈が大西洋から流れ込む湿潤な偏西風を遮るため、アルザスの年間降雨量は500〜600mmと国内で最も少なく、寒暖差の大きい半大陸性気候になります。ピレネー山脈はフランスとスペインの国境に広がる山地。アルプスはフランス南東部からイタリア、スイス、オーストリアに広がる山地。オーヴェルニュはフランスの中央山地。

135 ❹

難易度 ■■□□
出題頻度 ■■□
Check [1][2][3]

【アルザス】アルザスの代表品種別の栽培面積順位は（2014年実績、アルザスワイン委員会資料）、①リースリング（21.8%）②ピノ・ブラン（21.3%）③ゲヴュルツトラミネール（19.8%）④ピノ・グリ（15.4%）⑤ピノ・ノワール（10.2%）⑥シルヴァネール（6.8%）⑦ミュスカ・ダルザス（2.3%）、です。ピノ・ブランはクレヴネルとも呼ばれ、主にクレマン・ダルザスに用いられます。リースリングは酸味がしっかりとして、熟成能力を持ちます。「ゲヴュルツ」はスパイスの意味で、華やかさが際立ちます。

136 ❸

難易度 ■■□□
出題頻度 ■□□
Check [1][2][3]

【アルザス】A.O.C.アルザスは地方生産量の74%を占めるのに対して、A.O.C.アルザス・グラン・クリュは同4%ほど。白ワインのみが認められており、例外を除き、リースリングとゲヴュルツトラミネール、ピノ・グリ、ミュスカの4品種に限られます。例外としてゾッツェンベルクはシルヴァネール、アルテンベルク・ド・ベルガイムとケフェルコップフは複数品種のブレンドが認められています。アルザス・グラン・クリュはラベルに収穫年も表記しなくてはならず、また品種名もブレンドを除き一般的に表記します。

137 ❸

難易度 ■■□□
出題頻度 ■■□
Check [1][2][3]

【アルザス】A.O.C.アルザスとA.O.C.アルザス・グラン・クリュにおいては、遅摘みしたパスリヤージュ（樹上乾燥）によるヴァンダンジュ・タルディヴ、貴腐ぶどうの粒選り収穫によるセレクション・ド・グラン・ノーブルの表記が認められています。品種はゲヴュルツトラミネール、ピノ・グリ、リースリング、ミュスカのいずれかに限られます。また、収穫時の最低果汁糖度が定められています。

138 ❹

難易度 ■□□□
出題頻度 ■■□
Check [1][2][3]

【ロワール渓谷】ロワール川は全長1000kmを超えるフランス最長の河川です。栽培地は北緯47度前後という冷涼な気候で、流域の広大な地域に広がっています。大陸性気候のサントル・ニヴェルネ地区を除き、海洋性気候になります。中流域のソミュール地区やトゥーレーヌ地区はテュフォーと呼ばれる石灰岩が見られます。上流域のサントル・ニヴェルネ地区は右岸にプイ・シュール・ロワール、左岸にサンセールがあります。

139 ❸

難易度 ■■□□
出題頻度 ■□□
Check [1][2][3]

【ロワール渓谷】ロワール川流域では大雑把に地区単位で特徴を把握し、その中で例外を整理するのが効率的。アンジュー地区は甘口やロゼが有名ですが、サヴニエールはシュナン・ブランから造る白ワイン（辛口〜甘口）などがあります。ソミュール地区は赤ワインで有名で、ソミュール・シャンピニィとソミュール・ピュイ・ノートル・ダムは赤に限定された上級ワイン。多彩なトゥーレーヌ地区にあるシノンは赤ワインが有名ですが、白とロゼも認められています。またブルグイユは赤とロゼが認められています。

140

次の中から、Cour-Cheverny に用いられる品種を1つ選んでください。
❶ Breton
❷ Gamay
❸ Pineau de la Loire
❹ Romorantin

141

次の中から辛口白ワインから甘口白ワインやスパークリングワインまで生産することができる銘柄を1つ選んでください。
❶ Chinon
❷ Quarts de Chaume
❸ Savennières Coulée-de-Serrant
❹ Vouvray

142

ワイン用ぶどう品種 Chasselas を100%使用して造られるロワール地方のA.O.C. を1つ選んでください。
❶ Pouilly-Fumé
❷ Quincy
❸ Pouilly-sur-Loire
❹ Vouvray

143

ジュラ地方のアルボワに関係が深く、ワイン醸造に大きな功績を遺した人物を1つ選んでください。
❶ ジャン・アントワーヌ・シャプタル
❷ ルイ・パストゥール
❸ ゲイ・リュサック
❹ アレクサンドル・デュマ

144

ワイン用ぶどう品種 Savagnin からヴァン・ジョーヌだけを造ることが認められている A.O.C. を1つ選んでください。
❶ Côtes du Jura
❷ Château-Chalon
❸ L'Étoile
❹ Arbois Pupillin

145

ジュラ地方のヴァン・ジョーヌの樽熟成過程においてワインの表面にできる酵母による皮膜の呼称を1つ選んでください。
❶ Ouillage
❷ Soutirage
❸ Fleure du Vin
❹ Clavelin

140 **④**

難易度 ■■□
出題頻度 ■□□
Check ①②③

【ロワール渓谷】クール・シュヴェルニーはロワール川中流域トゥーレーヌ地区の A.O.C.（白）で、栽培品種はロモランタンに限定されています。ブルトンはカベルネ・フランの別名で、ソミュール地区やトゥーレーヌ地区の赤ワインに使われます。ガメイはサントル・ニヴェルネ地区などで栽培されており、シャトーメイヤンなどの赤ワインやグリワインになります。ピノー・ド・ラ・ロワールはシュナン・ブランの別名で、アンジュー＆ソミュール地区やトゥーレーヌ地区の白ワインに使われます。

141 **④**

難易度 ■■□
出題頻度 ■□□
Check ①②③

【ロワール渓谷】トゥーレーヌ地区とアンジュー地区は白ぶどうのシュナン・ブラン、黒ぶどうのカベルネ・フランが一般的に使われます。前者に含まれるシノンは赤・ロゼ・白の A.O.C. で、ヴーヴレはさまざまな白ワインが認められています。後者に含まれるカール・ド・ショームは貴腐もしくはパスリヤージュによる甘口白で、サヴニエール・クーレ・ド・セランはサヴニエール・ロッシュ・オー・モワンヌとともに、2011 年にサヴニエールから独立しました。

142 **③**

難易度 ■□□
出題頻度 ■■□
Check ①②③

【ロワール渓谷】サントル・ニヴェルネ地区は、白ぶどうはソーヴィニヨン・ブラン、黒ぶどうはピノ・ノワールが一般的に使用されます。右岸（東岸）にあるプイイ村ではソーヴィニヨン・ブランからプイイ・フュメ、ソーヴィニヨン・ブランまたはシャスラからプイイ・シュール・ロワールを造ることができます。左岸（西岸）にあるサンセールとルイ、メヌトゥー・サロンは赤・ロゼ・白が認められている他、カンシーは白のみが認められています。

143 **②**

難易度 ■□□
出題頻度 ■□□
Check ①②③

【ジュラ・サヴォワ】ジュラ地方はブルゴーニュの東側に広がる産地で、ヴァン・ジョーヌ（黄ワイン）やヴァン・ド・パイユ（藁ワイン）といった特殊なワインを生み出しました。また、ジュラ地方のアルボワは細菌学の父と呼ばれるルイ・パストゥールが少年時代を過ごした町として知られます。サヴォワ地方のシャンベリーはサヴォワ公国の首都として栄え、哲学者ジャン＝ジャック・ルソーが暮らした町として知られます。

144 **②**

難易度 ■■□
出題頻度 ■■□
Check ①②③

【ジュラ・サヴォワ】ヴァン・ジョーヌ（黄ワイン）は産膜酵母の影響を受けた熟成を経たもので、フランスではジュラ地方の特産品となっています。発祥の地とされるシャトー・シャロンはヴァン・ジョーヌだけが認められた A.O.C. で、アルボワまたはアルボワ・ピュピヤン（赤・ロゼ・白・黄・藁）、レトワール（白・黄・藁）やコート・デュ・ジュラ（赤・ロゼ・白・黄・藁）でも認められています。ヴァン・ジョーヌは白ぶどうのサヴァニャンのみが用いられます。

145 **③**

難易度 ■■□
出題頻度 ■■□
Check ①②③

【ジュラ・サヴォワ】産膜酵母が生成する白い膜をフルール・デュ・ヴァン（ワインの花）と呼びます。熟成中にワインは黄色を帯び、グー・ド・ジョーヌ（Goût de Jaune ／黄色の味）と呼ばれるクルミやヘーゼルナッツ、焼いたアーモンドに似た風味が生まれます。品種はサヴァニャンのみ。熟成は樽で収穫から 6 年目の 12 月 15 日まで（うち 60 カ月以上は産膜酵母下）が義務付けられ、補充（Ouillage）や滓引き（Soutirage）は禁止されています。クラヴランと呼ばれる 620㎖の寸胴瓶で出荷されます。

Question ●問題

146　ローマ法王庁が移転したのはどこの都市か1つ選んでください。
❶ マルセイユ
❷ リヨン
❸ アヴィニョン
❹ カルカッソンヌ

147　次の中から Viognier を使うことが認められている赤ワインを1つ選んでください。
❶ Condrieu
❷ Cornas
❸ Côte-Rôtie
❹ Hermitage

148　右記の地図 A ～ D の中から
A.O.C. Hermitage の場所を1つ
選んでください。
❶ A
❷ B
❸ C
❹ D

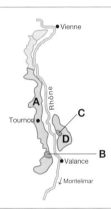

149　2006 年に新たに Côtes-du-Rhône より独立した、赤ワインだけが認められた
アペラシオンを1つ選んでください。
❶ Beaumes de Venise
❷ Gigondas
❸ Ventoux
❹ Vinsobres

150　シャトーヌフ・デュ・パプの特徴的な土壌を1つ選んでください。
❶ 小石
❷ 粘板岩
❸ 片岩
❹ 花崗岩

146 ❸

難易度 ■□□
出題頻度 ■■□
Check ①②③

【ローヌ渓谷】ローヌ渓谷地方（いわゆるコート・デュ・ローヌ地方）は A.O.C. ワインの産地としてはボルドーに次ぐ第2位の規模を誇ります。ヴィエンヌからヴァランスまでの河岸に拓かれた北部のセプタントリオナル、14世紀に教皇庁が置かれたアヴィニョンの周辺に拓かれた南部のメリディオナルに分けられます。マルセイユはプロヴァンス地方の都市。リヨンはブルゴーニュ地方の南端の都市。カルカッソンヌはラングドック地方の城塞都市。

147 ❸

難易度 ■□□
出題頻度 ■■□
Check ①②③

【ローヌ渓谷】北部のセプタントリオナルでは赤ワインでも白ぶどうのブレンドが認められているものがあります。コート・ロティはシラー（別名セリーヌ）にヴィオニエ(20%以下)のブレンドが認められた赤ワイン。サン・ジョゼフは赤ワインと白ワインが認められており、赤ではシラー（90%以上）にマルサンヌとルーサンヌのブレンドが可能。エルミタージュは赤ワインと白ワインが認められ、赤ではシラー（85%以上）にマルサンヌとルーサンヌのブレンドが可能。コルナスはシラー100%の赤ワインのみ。

148 ❸

難易度 ■□□
出題頻度 ■■□
Check ①②③

【ローヌ渓谷】セプタントリオナルはヴィエンヌからヴァランスまでのローヌ川河岸の急傾斜地に拓かれた産地です。黒ぶどうはシラーだけ、白ぶどうはヴィオニエなどが栽培されています。最北のコート・ロティ（赤）や隣接するコンドリュー（白）など主な A.O.C. は右岸に拓かれており、左岸にはエルミタージュ（赤・白）と D のクローズ・エルミタージュ（赤・白）のみ。最大面積を誇るのは A のサン・ジョゼフ（赤・白）。最小面積は 4ha のシャトー・グリエ（白）で、シャトー・ラトゥールを所有するフランソワ・ピノーが 2011 年に買収しました。B はコルナス。

149 ❹

難易度 ■■□
出題頻度 ■□□
Check ①②③

【ローヌ渓谷】コート・デュ・ローヌは地方生産量の約半分を占めます。北部のシラー主体に対して、南部のメリディオナルはグルナッシュを 40%以上含まなければなりません。酒精強化酒（赤・ロゼ・白）の産地ボーム・ド・ヴニーズは、2005 年にコート・デュ・ローヌから独立し、赤ワインが認められています。ジゴンダスはメリディオナル東部の A.O.C. で、赤とロゼ。ヴァントゥーはメリディオナル南東部の A.O.C. で、赤とロゼ、白が認められています。ヴァンソーブルは 2006 年にコート・デュ・ローヌから独立した A.O.C. で赤のみ。

150 ❶

難易度 ■□□
出題頻度 ■■□
Check ①②③

【ローヌ渓谷】14世紀アヴィニョンに教皇庁が移されていたとき、ヨハネス 22 世が郊外に避暑用の居城を建て、ぶどう畑を開墾したことから、その村は「教皇の新しい城」と呼ばれるようになりました。ぶどう畑は石灰質土壌の表面をこぶし大の石が覆い、昼間に蓄えられた熱が夜間の冷え込みを抑えることから、独特の豊満な風味が生まれます。使用品種は 13 品種で、グルナッシュなどから造る赤ワインがほとんどを占めるものの、わずかに白ワインも造られています。

151
次の A.O.C. の中でロゼだけが認められているものを 1 つ選んでください。
❶ Tavel
❷ Gigondas
❸ Lirac
❹ Vinsobres

152
次のコート・デュ・ローヌ地方の A.O.C. の中から、2008 年 11 月より名称
が変更されたものを 1 つ選んでください。
❶ Vinsobles
❷ Vacqueyras
❸ Ventoux
❹ Beaumes de Venise

153
次の中からプロヴァンス地方の総生産量の 80％以上を占める銘柄を 1 つ選
びなさい。
❶ Bandol
❷ Cassis
❸ Côte de Provence
❹ Les Baux de Provence

154
ムールヴェドルを主体として樽熟成が最低 18 カ月と定められている赤ワイ
ンを 1 つ選んでください。
❶ Bandol
❷ Bellet
❸ Palette
❹ Pierrevert

155
ナポレオンの生誕地で、シャカレッロの原産地としても知られている
A.O.C. を 1 つ選んでください。
❶ Patrimonio
❷ Ajaccio
❸ Muscat du Cap Corse
❹ Vin de Corse Porto-Vecchio

156
ラングドック・ルーション地方において、地中海地方独自の石灰岩の潅木林
地帯の名称を 1 つ選んでください。
❶ カップ
❷ ガリッグ
❸ シスト
❹ サーブル

ワイン産地／フランス

151 ❶

難易度 ■□□
出題頻度 ■■□
Check 1 2 3

【ローヌ渓谷】タヴェルはローヌ川を挟んでシャトーヌフ・デュ・パプの対岸（右岸）にあり、グルナッシュから造るロゼワイン。1936年、国内のロゼワインでは最も早くA.O.C.に認定されました。ジゴンダスはシャトーヌフ・デュ・パプの東側にあるA.O.C.（赤・ロゼ）。リラックは右岸にあるA.O.C.（赤・ロゼ・白）。ヴァンソーブルは左岸にあるA.O.C.（赤）で、メリディオナルでは最も新しく認定（2006年）されたものです。

152 ❸

難易度 ■□□
出題頻度 ■■□
Check 1 2 3

【ローヌ渓谷】メリディオナルにはコート・デュ・ローヌの他にも、いくつかの地区A.O.C.が認められています。ほとんどのものは近年に改名をしています。グリニャン・レ・ザデマール（赤・ロゼ・白）は北西部にあるもので、旧名はコート・デュ・トリカスタン。ヴァントゥー（赤・ロゼ・白）は東部にあるもので、旧名はコート・デュ・ヴァントゥー。リュベロン（赤・ロゼ・白）は南東部にあるもので、旧名コート・デュ・リュベロン。

153 ❸

難易度 ■□□
出題頻度 ■■□
Check 1 2 3

【プロヴァンス・コルス】プロヴァンス地方は国内最大のロゼワイン（A.O.C.）の産地。中でもコート・ド・プロヴァンス（赤・ロゼ・白）は地方最大のA.O.C.で、ロゼが約90％を占めます。近年は個性化を図るため、コート・ド・プロヴァンス・サン・ヴィクトワール（赤・ロゼ）などの地域名併記が増えています。レ・ボー・ド・プロヴァンスは1995年に赤ワインとロゼワインが認められたA.O.C.で、2011年に白ワインも認められました。カシス（赤・ロゼ・白）は白ワインが約70％を占めます。

154 ❶

難易度 ■□□
出題頻度 ■□□
Check 1 2 3

【プロヴァンス・コルス】バンドール（赤・ロゼ・白）は地方屈指の評価を得る産地で、中でも赤ワインは長期熟成に向くと有名。使用品種はムールヴェドルのほか、グルナッシュやサンソーなど。白ワインではクレレットが用いられます。ベレ（赤・ロゼ・白）はアメリカ大統領トーマス・ジェファーソンに愛飲された逸話を持ちます。パレット（赤・ロゼ・白）は15世紀にルネ1世が所有したことで有名。ピエールヴェール（赤・ロゼ・白）は近年、コトー・ド・ピエールヴェールから改名。

155 ❷

難易度 ■□□
出題頻度 ■■□
Check 1 2 3

【プロヴァンス・コルス】コルスは地中海で3番目に大きい島で皇帝ナポレオンの生誕地として有名。総生産量の64％は「リル・ド・ボーテ（美しい島）」というI.G.P.が占めます。黒ぶどうはシャカレッロやニエルキオ（サンジョヴェーゼ）、白ぶどうはヴェルメンティーノが栽培されています。パトリモニオ（赤・ロゼ・白）は北部沿岸のA.O.C.で、コルス最高の評価。アジャクシオ（赤・ロゼ・白）は西部沿岸のA.O.C.で、シャカレッロの原産地。ミュスカ・デュ・カップ・コルスは北端のA.O.C.で酒精強化酒。

156 ❷

難易度 ■□□
出題頻度 ■□□
Check 1 2 3

【ラングドック・ルーション】ガリッグはラングドック・ルーション地方をはじめ、地中海沿岸特有の風景です。石灰岩の台地をタイムやローズマリーなどの潅木林が覆っています。かつて南仏の赤ワインにハーブの香りを感じるのはガリッグの香りが移るからと信じられていました。現在ではエルバセと表現される未熟香であることが究明されています。カップ（Cap）はフランス語で岬、シスト（Schiste）は片岩のことで、変成岩の一種。サーブル（Sable）はフランス語で砂。

157 ラングドック・ルーション地方の A.O.C. Blanquette de Limoux の主要ぶどう品種を1つ選んでください。
❶ モーザック
❷ ピクプール
❸ カリニャン
❹ サンソー

158 ラングドック・ルーション地方においてグルナッシュやシラーに、メルロなどのボルドー品種をブレンドすることが認められている A.O.C. を1つ選んでください。
❶ Cabardès
❷ Corbières
❸ Minervois
❹ Picpoul-de-Pinet

159 次の中から赤ワイン、ロゼワイン、白ワインのいずれもが許可されている銘柄を1つ選んでください。
❶ Banyuls Grand Cru
❷ Collioure
❸ Côtes du Roussillon Villages
❹ Maury

160 ロット川の渓谷地帯に広がり、地元でオーセロワと呼ばれるワイン用ぶどう品種を主体に、色の濃いワインを生産しているA.O.C.を1つ選んでください。
❶ Minervois
❷ Cahors
❸ Fitou
❹ Madiran

161 次の南西地方の A.O.C. の中から、白ワインの生産が認められていないものを1つ選んでください。
❶ Jurançon
❷ Marcillac
❸ Bergerac
❹ Rosette

162 下記の地図 A〜D の中から A.O.C. Irouléguy の場所を1つ選んでください。
❶ A
❷ B
❸ C
❹ D

157 ❶

難易度 ■■□
出題頻度 ■■□
Check ①②③

【ラングドック・ルーション】中世の城塞都市カルカッソンヌの南に位置するリムーでは、赤ワインと白ワインが認められた A.O.C. リムーの他、世界最古のもののひとつと伝えられるスパークリングワインでいくつかの A.O.C. が認められています。ブランケット・ド・リムーはモーザック主体、クレマン・ド・リムーはシャルドネ主体で、いずれも瓶内二次発酵が義務付けられています。また、リムー・メトード・アンセストラルはモーザックのみで、発酵途中で瓶詰めを行ったものです。

158 ❶

難易度 ■■□
出題頻度 ■□□
Check ①②③

【ラングドック・ルーション】カバルデスは中世の城塞都市カルカッソンヌの北にある A.O.C.（赤・ロゼ）で、グルナッシュとシラーで 40％以上（単独あるいは合計）、メルロやカベルネ・ソーヴィニヨン、カベルネ・フランで 40％以上（単独あるいは合計）という特殊なブレンドが認められています。コルビエールは赤ワインではカリニャンなど、ミネルヴォワ（赤・ロゼ・白）は赤ワインではグルナッシュなどが用いられます。ピクプール・ド・ピネはピクプールを用いた白ワイン。

159 ❷

難易度 ■■□
出題頻度 ■□□
Check ①②③

【ラングドック・ルーション】ピレネー・オリアンタル県に属するルーション地方は、スペインとの国境地域。酒精強化酒が有名でしたが、近年はスティルワインも高品質化を遂げています。酒精強化酒バニュルス（赤・ロゼ・白）にはグラン・クリュ（赤）が認められています。コリウールはバニュルスと同一地域のスティルワイン（赤・ロゼ・白）。コート・デュ・ルーション（赤・ロゼ・白）は近年、赤のみ村名の併記が許されています。モーリィは酒精強化（赤・白）とスティル（赤）が認められています。

160 ❷

難易度 ■■□
出題頻度 ■■■
Check ①②③

【南西地方】カオールはガイヤック地区の A.O.C.（赤）で、コット（別名マルベックまたはオーセロワ）主体。14 世紀に英国皇太子エドワード黒太子が好んだことから「黒ワイン」と呼ばれるようになり、18 世紀には仏国王フランソワ 1 世にも愛飲されました。マディランはピレネー地区の A.O.C.（赤）でタナ主体。ミネルヴォワはラングドックの A.O.C.（赤・ロゼ・白）で、赤ワインはグルナッシュ主体。フィトゥーはラングドックの A.O.C.（赤）でカリニャン主体。

161 ❷

難易度 ■■□
出題頻度 ■■□
Check ①②③

【南西地方】ジュランソンはピレネー地区の A.O.C.（甘口白）で、プティ・マンサンとグロ・マンサンをパスリヤージュさせて造ります。パスリヤージュせずに辛口に仕上げたものはジュランソン・セックとなります。マルシヤックはトゥールーズ・アヴェイロネ地区の A.O.C.（赤・ロゼ）で、地場品種フェル・セルヴァドゥ（別名マンソワ）主体となります。ベルジュラックはベルジュラック地区の A.O.C.（赤・ロゼ・白）。ロゼットはベルジュラック地区の半甘口白ワイン。

162 ❹

難易度 ■■□
出題頻度 ■■□
Check ①②③

【南西地方】南西地方のピレネー地区は土着品種が多く栽培されており、黒ぶどうのタナから造るマディラン（B）、白ぶどうのプティ・マンサンとグロ・マンサンをパスリヤージュ（樹上で過熟させる）させた甘口白ワインのジュランソン（C）が有名です。また、スペインとの国境近くのバスク地方にはイルレギ（D）があり、赤ワインとロゼワイン、辛口白ワインが造られています。A はテュルサン（赤・ロゼ・白）。

Chapter 3

Part1 イタリア

163
紀元前 8 世紀〜紀元前 1 世紀に渡り、ポー川以南からローマ北部に至るまでイタリア中部の広い範囲を支配して洗練した文明を繁栄させた人々を 1 つ選びなさい。
❶ フェニキア人
❷ ギリシャ人
❸ ガリア人
❹ エトルリア人

164
1716 年イタリアにおいて Chianti などの生産地の線引きを行い、原産地呼称制度の最初の例を行った人物を 1 人選んでください。
❶ レオナルド・ダ・ヴィンチ
❷ コジモ 3 世
❸ ヘンリー 2 世
❹ ヴィットリオ・エマヌエーレ 2 世

165
次の中から、イタリアで最も生産量の多い黒ぶどう品種を1つ選んでください。
❶ Nebbiolo
❷ Sangiovese
❸ Barbera
❹ Merlot

166
次の中から陰干しして糖度を高めたぶどうで造る甘口ワインを表す用語を1つ選んでください。
❶ Cerasuolo
❷ Chiaretto
❸ Consorzio
❹ Recioto

167
イタリア半島を縦断するアペニン山脈の東側に位置し、アドリア海の影響を受ける州を 1 つ選んでください。
❶ ピエモンテ州
❷ カンパーニア州
❸ マルケ州
❹ ラツィオ州

ワイン産地／その他ヨーロッパ

食文化への関心の高まりにより、イタリアやスペインのワインは国別輸入量では上位の常連となっています。また、近年は中欧や東欧といった、いままで馴染みのなかった国からも紹介されるようになりました。それに合わせて出題範囲も広がっており、幅広い知識を求められるようになっています。

163 **④**

難易度 ■■□
出題頻度 ■■□
Check ①②③

【歴史】紀元前8世紀にギリシャ人がシチリアやカラブリアなどの南イタリアを植民地化し、グレーコやアリアニコなどの品種を持ち込み、栽培技術や醸造技術を広めました。そのワインが高品質であったことから、当時ギリシャ人はイタリアを「エノトリア・テルス」と呼びました。その頃、半島中部にはエトルリア人が独自の国家を形成しました。フェニキアは地中海東岸の古代にあった地名で、交易を通して地中海地域にワインを紹介しました。ガリアは古代のフランスのこと。

164 **②**

難易度 ■■□
出題頻度 ■■□
Check ①②③

【歴史】イタリアにおけるワインの法的規制の始まりは、トスカーナ大公国のコジモ3世が1716年にキアンティやカルミニャーノ、ポミーノ、ヴァル・ダルノ・ディ・ソプラの生産地を定めたことです。国としての統一的な法整備は1963年になります。また、キアンティでは19世紀にリカーゾリ男爵により、主原料のサンジョヴェーゼに黒ぶどうのマルヴァジアやカナイオーロ、白ぶどうのトレッビアーノをブレンドするゴベルノ法が考案され、キアンティのスタイルを確立させました。

165 **②**

難易度 ■□□
出題頻度 ■■□
Check ①②③

【品種】サンジョヴェーゼは北部と南部の一部を除き、イタリアで広く栽培されている黒ぶどうで、国内栽培面積が7万haを超えます。88クローン（ピッコロ8・グロッソ80）が普及しており、その中にはブルネッロやプルニョーロ・ジェンティーレなども含まれます。キアンティ・クラッシコやブルネッロ・ディ・モンタルチーノなどの主要品種です。ネッビオーロとバルベーラはピエモンテなどの北西部で栽培される黒ぶどう、メルロはフランス品種ですがイタリア国内でも広く栽培されています。

166 **④**

難易度 ■■■
出題頻度 ■□□
Check ①②③

【種類】ぶどうを藁などの莚の上で、あるいは紐で吊るして陰干しし、乾燥させて糖度を高める作業をアパッシメントと呼びます。ヴェネト州など北イタリアの多雨地域で伝統的に用いられてきました。辛口に仕上げるアマローネ、甘口に仕上げるレチョートがあり、それらの総称をパッシートと呼びます。チェラスオーロは濃い色あいのロゼワイン。キアレットは明るい色あいのロゼワイン。コンソルツィオは原産地呼称ワインの協会。

167 **③**

難易度 ■■■
出題頻度 ■■□
Check ①②③

【地理】イタリアの地理を把握する際のポイントは、①半島を囲む3つの海（西側のティレニア海、東側のアドリア海、南側のイオニア海）②半島を貫くアペニン山脈 ③北の国境をなすアルプス山脈、との位置関係です。また、日本ソムリエ協会では、①北部 ②中部 ③南部（シチリアとサルデーニャを含む）、と区分けしています。本題のように地図の代わりに文章で州を判別させる問題がしばしば出ています。

ワイン産地／その他ヨーロッパ

168
右記の地図 A ～ D の中から D.O.C.G. Franciacorta が生産される州を1つ選んでください。
❶ A
❷ B
❸ C
❹ D

アルプス山脈
ミラノ● B A ●ヴェネツィア
アドリア海
フィレンツェ● C
ローマ●
ナポリ● D
ティレニア海

169
イタリアの Vino Novello の解禁日を1つ選んでください。
❶ 10 月 30 日零時 1 分
❷ 11 月 6 日零時 1 分
❸ 11 月第 1 木曜日零時 1 分
❹ 11 月第 3 木曜日零時 1 分

170
イタリアのワイン法において、I.G.P. ワインはその土地で造られたものを最低何%使用しなければならないか、1つ選んでください。
❶ 85%以上
❷ 90%以上
❸ 95%以上
❹ 100%

171
モンテ・ビアンコの麓にあり、標高が 900 ～ 1300m に位置している生産地を1つ選んでください。
❶ Alta Langa
❷ Blanc de Morgex et de La Salle
❸ Doligliani
❹ Nizza

172
主にピエモンテ州で栽培されているワイン用ぶどう品種を1つ選んでください。
❶ Cesanese
❷ Schiava Gentile
❸ Dolcetto
❹ Aleatico

168 ②

難易度 ■■■
出題頻度 ■■■
Check 1 2 3

【地理】フランチャコルタが生産されているのはロンバルディア州（B）。Aはトレンティーノ・アルト・アディジェ州、Cはマルケ州、Dはカンパーニア州です。イタリアでは全20州でぶどうが栽培され、ワインが造られています。全州の地図上の位置だけでなく、主要都市の位置も確認することが求められます。過去に出題された都市としては、トリノ（ピエモンテ州）、ミラノ（ロンバルディア州）、ヴェネツィア（ヴェネト州）、トリエステ（フリウリ＝ヴェネツィア・ジューリア州）、フィレンツェ（トスカーナ州）、ローマ（ラツィオ州）、ナポリ（カンパーニア州）など。

169 ①

難易度 ■■■
出題頻度 ■■□
Check 1 2 3

【法律】新酒はボージョレがとりわけ有名ですが、その他の生産地でも販売が認められており、解禁日もそれぞれで定められています。イタリアでは2012年から10月30日が解禁日と定められています。それまでは解禁日を11月6日としていました。11月第3木曜日に解禁されるボージョレとの競合を避けるため、それより先に早められました。このほか、ドイツでは11月1日、スペインやオーストリアでは「聖マルタンの日」である11月11日に解禁されます。

170 ①

難易度 ■□□
出題頻度 ■■□
Check 1 2 3

【法律】EUでは2009年ヴィンテージより、地理的表示の有無による品質基準を導入しました。上級カテゴリとなる地理的表示のあるワインには、①A.O.P.などの「保護原産地呼称」 ②I.G.P.などの「保護地理的表示」、があります。I.G.P.では表示された地域内で造られたワインが85％以上含まれていることが義務付けられています。

171 ②

難易度 ■■□
出題頻度 ■■□
Check 1 2 3

【ヴァッレ・ダオスタ】ブラン・ド・モルジェ・エ・ド・ラ・サルはヨーロッパで最も標高の高い畑のひとつ。自根栽培のプリエ・ブランから、酸が豊かなフレッシュでスレンダーな白ワインが産まれます。他はすべてピエモンテ州のD.O.C.G.。アルタ・ランガは瓶内二次発酵によるスプマンテ（白・ロゼ）。ドリアーニ（同）はドルチェットから造る長期熟成型の赤。ニッツァはバルベーラ・ダスティの小地区から独立した赤ワインのD.O.C.G.で、18カ月以上の熟成（うち樽熟成6カ月）が義務付けられています。

172 ③

難易度 ■■□
出題頻度 ■■□
Check 1 2 3

【ピエモンテ】チェザネーゼはラツィオ州で栽培されている黒ぶどうで、中世まで歴史をたどることができます。スキアーヴァ・ジェンティーレはロンバルディア州などの北部で栽培されている黒ぶどうです。ドルチェットはピエモンテ州などの北部やサルデーニャ州で栽培されている黒ぶどうで、酸味が控えめで早飲みワインに仕上げられます。アレアティコはトスカーナ州などの中部で栽培されている黒ぶどうで、EUにアロマティック品種として認定されており、甘口に仕上げます。

173 白ワインと赤ワインの生産が許可されているD.O.C.G.を1つ選んでください。
- ❶ Erbaluce di Caluso
- ❷ Dogliani
- ❸ Roero
- ❹ Ruchè di Castagnole Monferrato

174 次の D.O.P.（D.O.C.）の中から Piemonte 州以外のものを1つ選んでください。
- ❶ Malvasia di Castelnuovo Don Bosco
- ❷ Fara
- ❸ Valcalepio
- ❹ Coste della Sesia

175 ピエモンテ州の D.O.C. を1つ選んでください。
- ❶ Lacrima di Morro d'Alba
- ❷ Langhe
- ❸ Piave
- ❹ Sant'Antimo

176 右記の地図 A ～ D の中から D.O.C.G. Barbaresco が生産されるクーネオ県を1つ選んでください。
- ❶ A
- ❷ B
- ❸ C
- ❹ D

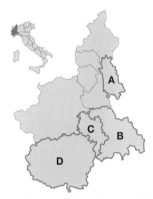

177 D.O.C.G. バローロにあり、最も厳格で長期熟成能力の高いワインを産む村を1つ選んでください。
- ❶ La Morra
- ❷ Neive
- ❸ Serralunga d'Alba
- ❹ Treiso

173 ③

難易度 ■■■
出題頻度 ■■□
Check 1 2 3

【ピエモンテ】エルバルーチェ・ディ・カルーゾあるいはカルーゾはエルバルーチェから造られる白ワインで、辛口だけでなく発泡酒やパッシートによる甘口までが認められています。ドリアーニはドルチェットから造る赤ワインが認められています。ロエロはネッビオーロの赤ワインの他、アルネイスの白ワイン（発泡酒を含む）が認められています。ルケ・ディ・カスタニョーレ・モンフェッラートはルケ主体で造る赤ワインです。

174 ③

難易度 ■■■
出題頻度 ■□□
Check 1 2 3

【ピエモンテ】マルヴァジア・ディ・カステルヌオーヴォ・ドン・ボスコは甘口赤ワイン（発泡酒・弱発泡酒含む）。ファーラはネッビオーロ主体から造る赤ワイン。ヴァルカレピオはロンバルディア州のD.O.C.で、メルロとカベルネ・ソーヴィニヨンのブレンドで造る赤ワインと、ピノ・ビアンコあるいはシャルドネとピノ・グリージョで造る白ワイン。コステ・デッラ・セシアは北部の丘陵地帯でネッビオーロなどから造る赤ワインとロゼワイン、エルバルーチェから造る白ワインがあります。

175 ②

難易度 ■□□
出題頻度 ■■□
Check 1 2 3

【ピエモンテ】ラクリマ・ディ・モッロ・ダルバはマルケ州の赤ワイン（パッシート含む）のD.O.C.です。ピエモンテ州のランゲはネッビオーロやドルチェットなどから造る赤ワイン、アルネイスなどから造る白ワインが認められています。ピアーヴェはヴェネト州のD.O.C.で、カベルネ・ソーヴィニヨンなどの赤ワイン、シャルドネなどの白ワインが認められています。サンタンティモはトスカーナ州のD.O.C.で、カベルネ・ソーヴィニヨンなどの赤ワイン、トレッビアーノなどの白ワインが認められています。

176 ④

難易度 ■■□
出題頻度 ■■□
Check 1 2 3

【ピエモンテ】州南部のクーネオ県（県都クーネオ）北部にはロエロ地区とランゲ地区という銘醸地があります。とくにランゲ地区のバローロとバルバレスコはイタリア屈指の銘醸地として有名です。加えて、2011年にランゲ地方を含む大きな地域がアルタ・ランガD.O.C.G.として認定されました（遡って2008年産より）。19世紀から辛口のスパークリングワインを手掛けており、オルトレポー・パヴェーゼとともに同州の高品質スパークリング産地として注目されています。品種はピノ・ノワールとシャルドネ、瓶内熟成30ヵ月以上の白・ロゼのみ。ブリュットもしくはパ・ドゼの辛口で、収穫年表記が義務付けられています。州東部のノヴァーラ県（A）はスパンナ（ネッビオーロ）主体で造る赤ワインのゲンメがあります。アレッサンドリア県（B）では、コルテーゼから造る辛口白ワインのガヴィがあり、同県のアックイ・テルメ村を中心に、アスティ県（C）にもわたる地域でブラケットから造る、赤の発泡酒あるいはスティルのブラケット・ダックイがあります。また、アスティ県を中心に、アレッサンドリア県、クーネオ県と広範囲で造られる、モスカート・ビアンコから造る甘口白ワイン、あるいは発泡酒のアスティが有名です。

177 ③

難易度 ■■■
出題頻度 ■□□
Check 1 2 3

【ピエモンテ】バローロ地区西部のラ・モッラやバローロなどは、トルトニアーノと呼ばれる青い泥灰土からなり、芳醇で優美なワインを産みます。一方、地区東部のセッラルンガ・ダルバやモンフォルテ・ダルバ、カスティリオーネ・ファレットなどは、エレヴィツィアーノと呼ばれる赤茶色の泥灰土からなり、厳格でスパイシーなワインを産みます。ネイヴェとトレイーゾは、バルバレスコ地区を構成する村で、果実味豊かなバルバレスコに対して、ミネラル感を豊富に感じます。

ワイン産地／その他ヨーロッパ

178 陰干しブドウから造る甘口で、海を想起させるアロマや塩のニュアンスを感じさせるワインを1つ選んでください。
❶ Cinque Terre Sciacchetrà
❷ Colli di Luni
❸ Ormeasco di Pornassio
❹ Rossese di Dolceacqua

179 ロンバルディア州北部ヴァルテッリーナ渓谷での Nebbiolo 種の別名を1つ選んでください。
❶ Calabrese
❷ Spanna
❸ Chiavennasca
❹ Prugnolo Gentile

180 次の中から Lombardia 州において、陰干しして糖度を高めて造る辛口ワインに用いる用語を1つ選んでください。
❶ Vino Santo
❷ Vino Passito
❸ Sforzato
❹ Recioto

181 Franciacorta に関する記述として正しいものを1つ選んでください。
❶ タイプは白・ロゼ・赤
❷ 発泡とスティルの両方のタイプがある。
❸ Veneto 州産
❹ Chardonnay、Pinot Nero、Pinot Bianco が品種として認められている。

182 フランチャコルタと並んでイタリアを代表する瓶内二次発酵によるスパークリングワインの原産地を1つ選んでください。
❶ Alto Adige
❷ Teroldego Rotaliano
❸ Trennino
❹ Trento

183 ヴェネト州 D.O.C.G. の名前にも用いられ、後味に残る「苦味」を意味するものを1つ選んでください。
❶ レチョート
❷ パッシート
❸ リパッソ
❹ アマローネ

178 ❶

難易度 ■□□
出題頻度 ■□□
Check 1 2 3

【リグーリア】チンクエ・テッレはボスコ、アルバローラ、ヴェルメンティーノで造られる白ワイン。伝統的に果皮浸漬を行うため、オレンジがかった黄色で、酸化熟成のニュアンスがあり、海を想起させるアロマがあると言われます。なかでもチンクエ・テッレ・シャッケトラは、陰干しブドウから造る甘口。コッリ・ディ・ルーニは優美な白と深みのある赤。オルメアスコ・ディ・ポルナッシオはドルチェットで造る赤。ロッセーゼ・ディ・ドルチェアックアは幅広いスタイルの赤。

179 ❸

難易度 ■■□
出題頻度 ■■□
Check 1 2 3

【ロンバルディア】ヴァルテッリーナはコモ湖より上流域のアッダ川沿いに広がる生産地で、キアヴェンナスカ（ネッビオーロ）から造る赤ワインがD.O.C.に認められています。また、陰干しぶどうから造るスフォルツァート・ディ・ヴァルテッリーナがD.O.C.G.に認められています。カラブレーゼ（ネーロ・ダヴォラ）はシチリア州などで栽培される黒ぶどう。スパンナはネッビオーロのピエモンテ州北部での呼び名。プルニョーロ・ジェンティーレはサンジョヴェーゼのモンテプルチャーノでの呼び名です。

180 ❸

難易度 ■■□
出題頻度 ■□□
Check 1 2 3

【ロンバルディア】スフォルツァートは3カ月ほど陰干し（アパッシメント）されたぶどうで造るもの。アッダ川流域に位置するヴァルテッリーナ地区は、ヴァルテッリーナ D.O.C.、ヴァルテッリーナ・スペリオーレ D.O.C.G.、スフォルツァート・ディ・ヴァルテッリーナ（スフルサット・ディ・ヴァルテッリーナ）D.O.C.G. が認められています。いずれもキアヴェンナスカ（ネッビオーロ）を主体とする赤ワイン。

181 ❹

難易度 ■□□
出題頻度 ■□□
Check 1 2 3

【ロンバルディア】フランチャコルタはイゼオ湖の南に広がる生産地。イタリアでは最高峰と評価される瓶内二次発酵によるスパークリングワインです。タイプはシャンパーニュと同じく白とロゼのみで、品種はシャルドネとピノ・ネーロ、ピノ・ビアンコが認められています。また、州内には2007年に D.O.C.G. に認定されたオルトレポ・パヴェーゼ・メトド・クラッシコ（白とロゼ）があり、こちらはピノ・ネーロ主体。それぞれピノ・ネーロのみで仕上げたときは品種名を掲げることができます。

182 ❹

難易度 ■□□
出題頻度 ■□□
Check 1 2 3

【トレンティーノ＝アルト・アディジェ】トレントは1993年に認定されたスパークリングの D.O.C.（白・ロゼ）で、フェッラーリ社を始めとする巨大企業が活躍しています。標高350m以上の畑で栽培されたシャルドネ、ピノ・ネーロ、ピノ・ビアンコから造られたミネラル感に富むスタイル。アルト・アディジェはアディジェ川上流にあり、フランス品種やドイツ品種などを栽培。テロルデゴ・ロタリアーノは野性的な赤ワインで、1990年前後にブームとなりました。トレンティーノは幅広い品種を栽培。

183 ❹

難易度 ■■□
出題頻度 ■■□
Check 1 2 3

【ヴェネト】アマローネは陰干しされたぶどうで造る辛口ワインで、ヴァルポリチェッラが D.O.C.G. に認められています。レチョートは陰干しされたぶどうで造る甘口ワインで、ソアーヴェやヴァルポリチェッラ、ガンベッラーラが D.O.C.G. に認められています。パッシートは陰干しされたぶどうで造るワインの総称。リパッソはヴァルポリチェッラにレチョートやアマローネの搾りかすを入れて、再浸漬したもの。

ワイン産地／その他ヨーロッパ

184

次の中から D.O.P.（D.O.C.G.）ワイン Conegliano Valdobbiadene-Prosecco に使用される主要ぶどう品種を 1 つ選んでください。

❶ Pinot Bianco
❷ Garganega
❸ Glera
❹ Bosco

185

日当たりがよい急峻な斜面として、古くから高く評価されてきた地域カルティッツェ（Cartizze）が属するヴェネト州の D.O.C.G. を以下のなかから 1 つ選んでください。

❶ Gambellara
❷ Soave
❸ Valdobbiadene
❹ Valpolicella

186

グラッパで有名なバッサーノ・デル・グラッパが属している州を 1 つ選んでください。

❶ Piemonte
❷ Friuli-Venezia Giulia
❸ Toscana
❹ Veneto

187

ワイン用ぶどう品種 Corvina Veronese の使用が認められている D.O.C.G. を 1 つ選んでください。

❶ Lison
❷ Bardolino Superiore
❸ Recioto di Gambellara
❹ Conegliano Valdobbiadene-Prosecco

188

次の中から他品種に比べて 10 分の 1 ほどと低い収穫量となるワイン用ぶどう品種で造る甘口白ワインを 1 つ選んでください。

❶ Colli Orientali del Friuli Picolit
❷ Montello
❸ Ramandolo
❹ Rosazzo

189

トスカーナ州において、最も南に位置する D.O.C.G. を 1 つ選んでください。

❶ Pomino
❷ Morellino di Scansano
❸ Chianti Classico
❹ Carmignano

184 ❸

難易度 ■□□
出題頻度 ■■□
Check 1 2 3

【ヴェネト】プロセッコはイタリアを代表するスパークリングワインです。2009 年 D.O.C. プロセッコの誕生に伴い、他地域での名称乱用を防ぐため、2010 年に品種名を原産地名として登録し、プロセッコの別名として使われていたグレーラを品種名として登録しました。コッリ・アゾラーニ・プロセッコとコネリアーノ・ヴァルドッビアーデネ・プロセッコが D.O.C.G. として認められています。ほとんどのものはシャルマ法で造られ、一部では瓶内二次発酵が用いられます。

185 ❸

難易度 ■■□
出題頻度 ■□□
Check 1 2 3

【ヴェネト】プロセッコの原産地が 2009 年に整備され、D.O.C プロセッコの上位に、D.O.C.G. コネリアーノ・ヴァルドッビアーデネ（Conegliano Valdobbiadene）と同コッリ・アゾラーニ（Colli Asolani）が認定されました。また、ヴァルドッビアーデネ村にはカルティッツェと呼ばれる、評価の高い地域があり、地域名を併記できるようになりました（D.O.C.G. Valdobbiadene Superiore di Cartizze）。これに倣うかたちで 43 村がリーヴェ（Rive）と呼ぶ地域名を掲げる動きが出てきました。

186 ❹

難易度 ■□□
出題頻度 ■□□
Check 1 2 3

【ヴェネト】グラッパはイタリア特産の蒸留酒で、ぶどうの搾りかす（ポマース）を発酵させて得たアルコールを蒸留して造ります。同じように搾りかすから造るフランスの蒸留酒マールとは違い、ほとんどのものは樽熟成を行わないので無色透明であり、華やかなぶどうの風味を表現しています。バッサーノ・デル・グラッパはヴェネツィアの北西に位置する村で、広くイタリアでグラッパが造られている中で、とくに有名な生産地となっています。

187 ❷

難易度 ■■□
出題頻度 ■■□
Check 1 2 3

【ヴェネト】コルヴィーナ・ヴェロネーゼはヴェネト州をはじめ、イタリア北部で栽培されている黒ぶどうで、ヴァルポリチェッラなどの主要品種となります。リソンはヴェネト州とフリウリ＝ヴェネツィア・ジューリア州の境界地域の D.O.C.G. で、タイ（以前はトカイ・フリウラーノと呼ばれたぶどう）主体の白ワイン。バルドリーノ・スペリオーレは熟成 1 年以上を経た赤ワインの D.O.C.G. です。レチョート・ディ・ガンベッラーラはガルガネガを陰干しして造る甘口白ワインの D.O.C.G. です。

188 ❶

難易度 ■■■
出題頻度 ■□□
Check 1 2 3

【フリウリ＝ヴェネツィア・ジューリア】コッリ・オリエンターリ・デル・フリウリ・ピコリットは D.O.C. コッリ・オリエンターリ・デル・フリウリから独立して昇格した D.O.C.G. です。ピコリットは結実が悪いため、通常の品種に比べて 1/10 程度と生産性が低いのが特徴です。ラマンドロ、ロサッツォも同じ州の D.O.C.G. で、前者はヴェルドゥッツォ・フリウラーノから造る甘口白ワイン。モンテッロはヴェネト州の D.O.C.G. で、カベルネ・ソーヴィニヨンなどから造る赤ワイン。

189 ❷

難易度 ■■□
出題頻度 ■■□
Check 1 2 3

【トスカーナ】モレッリーノ・ディ・スカンサーノはトスカーナ州南部でラツィオ州との州境近くで認められている D.O.C.G. です。モレッリーノ（サンジョヴェーゼ）主体で造られる赤ワインで、温暖な沿岸部であるため酸味が穏やかで肉付きのよい風味。ポミーノはフィレンツェの東にある D.O.C.G. で、サンジョヴェーゼ主体の赤ワインとピノ・グリージョやシャルドネの白ワイン。フィレンツェの西にあるカルミニャーノはサンジョヴェーゼ主体の赤ワインの D.O.C.G. です。

190

フィレンツェとシエナの間に広がる丘陵地帯（9コムーネ）のD.O.C.G.を1つ選んでください。
❶ Vino Nobile di Montepulciano
❷ Carmignano
❸ Brunello di Montalcino
❹ Chianti Classico

191

D.O.C.G. Chianti の特定地域（ソットゾーナ）を1つ選んでください。
❶ Rufina
❷ Sassella
❸ Valpantena
❹ Cartizze

192

右記のトスカーナ州の地図A～Hの中からD.O.C.G. Brunello di Montalcino に該当するものを1つ選んでください。
❶ A
❷ B
❸ C
❹ D
❺ E
❻ F
❼ G
❽ H

193

ガレストロと呼ばれる泥灰土が幾層にも重なった土壌で知られるD.O.C.G.を以下のなかから1つ選んでください。
❶ Barbaresco
❷ Bolgheri
❸ Chianti Classico
❹ Pomino

194

むかしからカベルネ・ソーヴィニヨンのブレンドが認められているD.O.C.G.を以下のなかから1つ選んでください。
❶ Brunello di Montalcino
❷ Carmignano
❸ Pomino
❹ Vernaccia di San Gimignano

190 ④

難易度 ■■□
出題頻度 ■□□
Check ①②③

【トスカーナ】フィレンツェとシエナの間に広がる丘陵地帯はキアンティ地方と呼ばれ、香り高い優美なワインが生産される卓越した土地です。その人気があまりにも高く、20世紀初めにキアンティワインを掲げる産地が広大な周辺地域に拡大されました。元々の産地の生産者たちはそれに反発し、法規制に依らないスーパータスカンに傾注する時期がありました。キアンティ・クラッシコは1984年に独立した原産地を認められ、改めてイタリアワインの高品質化を牽引しています。

191 ①

難易度 ■■■
出題頻度 ■□□
Check ①②③

【トスカーナ】キアンティはトスカーナ州に広く認められたD.O.C.G.で、近年は地域間の個性化を図るため、7つのソットゾーナ(あるいはサブゾーン)と呼ばれる地域名が認められています。コッリ・アレティーニ(アレッツォ県)、コッリ・セネージ(シエナ県)、コッリーネ・ピサーネ(ピサ県)、モンタルバーノ(ピストイア県)、ルフィーナ(フィレンツェ県東部)、コッリ・フィオレンティーニ(フィレンツェ周辺)、モンテスペルトリ(フィレンツェ県西部)が認められています。

192 ①

難易度 ■■□
出題頻度 ■■□
Check ①②③

【トスカーナ】トスカーナ州の主なワイン産地は内陸部の丘陵地に拓かれており、沿岸部でのぶどう栽培は20世紀半ばを過ぎてからになります。最も有名なキアンティ・クラッシコ地区(D)は州都フィレンツェとその南にあるシエナとの間に広がっています。ブルネッロ・ディ・モンタルチーノ地区(A)はさらに南に位置しています。モンタルチーノは丘の上に築かれた城塞都市で、16世紀フィレンツェ公国とスペインの連合軍との戦いに敗れたシエナ共和国の終焉の地として有名です。一方、ボルゲリ地区(G)は沿岸部開発の先がけとなった地域です。カルミニャーノ地区(B)ではサンジョヴェーゼとカベルネ・ソーヴィニョンのブレンドが18世紀から行われてきました。サン・ジミニャーノ地区(C)は「百の塔の街」で知られ、州内唯一の白ワインだけのD.O.C.G.。ポミーノ地区(E)はシャルドネなど複数のフランス品種が認められたD.O.C.。モンテクッコ地区(F)は2011年にサンジョヴェーゼのみがD.O.C.G.に昇格。エルバ地区(H)はパッシートによる赤の甘口がD.O.C.G.に認定されています。

193 ③

難易度 ■■■
出題頻度 ■□□
Check ①②③

【トスカーナ】州の内陸部は粘土石灰質土壌で形成されており、とくにキアンティ・クラッシコ地区やモンタルチーノ地区は、ガレストロと呼ばれる、泥灰土が薄く何層にも重なった土壌が多く見られます。沿岸部のボルゲリは多様な土壌が複雑に存在するものの、「サッシカイア」の語源となった小石混じりの沖積土が有名。「ワインの王」と讃えられるバローロの「弟」と呼ばれるバルバレスコは、泥灰土に凝灰岩が混ざります。ポミーノは砂質土壌。

194 ②

難易度 ■■□
出題頻度 ■□□
Check ①②③

【トスカーナ】カルミニャーノは中世以来の歴史を誇る産地で、1716年にはトスカーナ大公コジモ3世により、キアンティなどとともに原産地が定められました。18世紀には「フランスぶどう(Uva Francesca)」と呼ばれたカベルネ・ソーヴィニョンが栽培されており、ブレンドが行われていました。トスカーナの他の産地が20世紀半ば以降にフランス品種を導入したのとは経緯が異なります。生産量は少ないものの、深みのある味わいで高い評価を得ています。

195
ウンブリア州の D.O.C.G. を1つ選んでください。
❶ Montefalco Sagrantino
❷ Colli Orientali del Friuli Picolit
❸ Vernaccia di Serrapetrona
❹ Montepulciano d'Abruzzo Colline Teramane

196
次の中から、マルケ州の発泡性の赤ワインを1つ選んでください。
❶ Castelli di Jese Verdicchio Riserva
❷ Conero
❸ Verdicchio di Matelica Riserva
❹ Vernaccia di Serrapetrona

197
遅摘み、あるいは一部陰干しで造られる甘口の白ワインを1つ選んでください。
❶ Cannellino di Frascati
❷ Castelli Romani
❸ Cesanese del Piglio
❹ Frascati Superiore

198
次の D.O.P.（D.O.C.G.）ワインの中から、主要ぶどう品種が他とは異なるものを1つ選んでください。
❶ Morellino di Scansano
❷ Carmignano
❸ Montepulciano d'Abruzzo Colline Teramane
❹ Vino Nobile di Montepulciano

199
モリーゼ州の内陸部、アペニン山脈に近い地域で白・赤・ロゼを産出する生産地を1つ選んでください。
❶ Biferno
❷ Pentro di Isernia
❸ Salice Salentino
❹ Tintilia del Molise

200
ワイン用ぶどう品種 Aglianico 主体で造られるカンパーニア州の D.O.C.G. を1つ選んでください。
❶ Conero
❷ Rosazzo
❸ Taurasi
❹ Greco di Tufo

195 ❶

難易度 ■■□
出題頻度 ■□□
Check 1 2 3

【ウンブリア】モンテファルコ・サグランティーノはウンブリア州のD.O.C.G.で、サグランティーノから造る赤ワイン（パッシートの薄甘口含む）。最低熟成期間は 30 カ月（うち 12 カ月は樽熟成）。もうひとつのウンブリア州の D.O.C.G.、トルジャーノ・ロッソ・リゼルヴァはサンジョヴェーゼ主体の赤ワイン。最低熟成期間は 36 カ月（うち 6 カ月は瓶熟成）。D.O.C.トルジャーノ（サンジョヴェーゼ主体の赤ワインとトレッビアーノ・トスカーノの白ワイン）から独立したもの。

196 ❹

難易度 ■■■
出題頻度 ■□□
Check 1 2 3

【マルケ】いずれもマルケ州の D.O.C.G. です。カステッリ・ディ・イエージ・ヴェルディッキオ・リゼルヴァは、ヴェルディッキオ主体の白ワイン。コーネロは、D.O.C. ロッソ・コーネロから独立した赤ワイン。ヴェルディッキオ・ディ・マテリカ・リゼルヴァは、ヴェルディッキオ主体の白ワイン。ヴェルナッチャ・ディ・セッラペトローナは、ヴェルナッチャ・ネーラ主体の発泡性赤ワイン。ぶどうの最低 40％を陰干しするため、辛口から甘口まであります。

197 ❶

難易度 ■□□
出題頻度 ■□□
Check 1 2 3

【ラツィオ】ローマ周辺の広域を生産地とするカステッリ・ロマーニ D.O.C.（白・赤・ロゼ）。そのうち、ローマ南東のカステッリ・ロマーニと呼ばれる地区で造られるワインのひとつが、白のフラスカーティ D.O.C.。2011 年、ここから D.O.C.G. として独立したのが、甘口のカンネッリーノ・ディ・フラスカーティ（最低残糖分 35g/ℓ）と、フラスカーティ・スーペリオーレです。ここでは、一般的な甘口の呼称「ドルチェ」は使いません。チェザネーゼの赤の 3 つの呼称のうち、ピリオのみ D.O.C.G. に昇格。

198 ❸

難易度 ■■■
出題頻度 ■□□
Check 1 2 3

【アブルッツォ】モンテプルチャーノ・ダブルッツォ・コッリーネ・テラマーネはアブルッツォ州の D.O.C.G. で、モンテプルチャーノ主体の赤ワイン。他はすべてトスカーナ州の D.O.C.G. です。モレッリーノ・ディ・スカンサーノは南部モレッリーノ（サンジョヴェーゼ）主体の赤ワイン。カルミニャーノは北部で造られる、サンジョヴェーゼ主体の赤ワイン。ヴィーノ・ノビレ・ディ・モンテプルチャーノは南部で造られる、プルニョーロ・ジェンティーレ（サンジョヴェーゼ）主体の赤ワイン。

199 ❷

難易度 ■□□
出題頻度 ■□□
Check 1 2 3

【モリーゼ】ビフェルノは海岸に近い地域で造られる白・赤・ロゼ。ペントロ・ディ・イセルニアは山間部にあり、夏は暑すぎず、乾燥しており、ブドウ栽培に適しています。ティンティリア・デル・モリーゼは州独自の黒ブドウであるティンティリアから造る赤ワイン。荒々しくも個性的で、注目に値します。サリチェ・サレンティーノは南隣のプーリア州のサレント半島（「かかと」に例えられる）にあり、幅広いタイプを造ることができる D.O.C. で、アルコール度の高い力強いワイン。

200 ❸

難易度 ■■□
出題頻度 ■■□
Check 1 2 3

【カンパーニア】タウラージは州の内陸部にあるアヴェッリーノ県の D.O.C.G. で、アリアニコ主体の赤ワイン。最低熟成期間は 3 年で、リゼルヴァでは最低熟成期間は 4 年。10 ～ 30 年の熟成能力を持ちます。グレーコ・ディ・トゥーフォは同じくアヴェッリーノ県の D.O.C.G. で、凝灰岩土壌で栽培されたグレーコから造る白ワイン。コーネロはマルケ州の D.O.C.G. で、モンテプルチャーノ主体の赤ワイン。ロサッツォはフリウリ＝ヴェネツィア・ジューリア州の D.O.C.G. で、フリウラーノ主体の白ワイン。

201 プーリア州の D.O.C.G. を 1 つ選んでください。
- ❶ Aglianico del Taburno
- ❷ Primitivo di Manduria Dolce Naturale
- ❸ Aglianico del Vulture Superiore
- ❹ Cesanese del Piglio

202 D.O.C.G. としてはめずらしいロゼのワインを 1 つ選んでください。
- ❶ Castel del Monte Bombino Nero
- ❷ Castel del Monte Nero di Troia Riserva
- ❸ Castel del Monte Rosso Riserva
- ❹ Primitivo di Manduria Dolce Naturale

203 カラブリア州の D.O.C. Cirò Rosso のワイン用主要ぶどう品種を 1 つ選んでください。
- ❶ Aglianico
- ❷ Primitivo
- ❸ Nero di Troia
- ❹ Gaglioppo

204 「地中海の黒い真珠」と呼ばれる、シチリア島南方の小さな島で造られる銘柄を 1 つ選んでください。
- ❶ Etna
- ❷ Malvasia delle Lipari
- ❸ Moscato di Trani
- ❹ Pantelleria

205 次の Sicilia 州の D.O.P（D.O.C.）の中から、赤だけの生産が認められているものを 1 つ選んでください。
- ❶ Contessa Entellina
- ❷ Faro
- ❸ Marsala
- ❹ Vittoria

206 サルデーニャ島北東部で造られる白ワインで、D.O.C.G. に認定されているものを 1 つ選んでください。
- ❶ Cerasuolo di Vittoria
- ❷ Malvasia di Bosa
- ❸ Marsala
- ❹ Vermentino di Gallura

201

難易度 ■■□
出題頻度 ■■□
Check 1 2 3

【プーリア】プリミティーヴォ・ディ・マンドゥリア・ドルチェ・ナトゥラーレはプーリア州の D.O.C.G. で、ジンファンデルと同一品種とされるプリミティーヴォから造る甘口赤ワイン。アリアニコ・デル・タブルノはカンパーニア州の D.O.C.G. で、アリアニコ主体の赤ワインとロゼワイン。アリアニコ・デル・ヴルトゥレ・スペリオーレはバジリカータ州の D.O.C.G. で、アリアニコ主体の赤ワイン。チェザネーゼ・デル・ピリオはラツィオ州の D.O.C.G. で、チェザネーゼ主体の赤ワイン。

202

難易度 ■■□
出題頻度 ■□□
Check 1 2 3

【プーリア】 D.O.C. カステル・デル・モンテの中で、3 タイプが D.O.C.G. に昇格しています。ボンビーノ・ネーロは同品種から造るロゼ。ネーロ・ディ・トロイア・リゼルヴァは起源が小アジアとも言われる同名品種から造る赤。ロッソ・リゼルヴァは最低アルコール度数 13%で、法定熟成期間 2 年（うち 1 年は木樽）。プリミティーヴォ・ディ・マンドゥリア・ドルチェ・ナトゥラーレは甘口赤で、元々は樹上で乾燥したものから造りました。現在は人為的な乾燥が許可されているものの、果汁濃縮などは禁止。

203

難易度 ■■□
出題頻度 ■■□
Check 1 2 3

【カラブリア】チロはカラブリア州の D.O.C. で、グレーコ・ビアンコの白ワイン、ガリオッポの赤ワインとロゼワインが認められています。アリアニコは古代ローマ時代にたどることができる黒ぶどうで、カンパーニア州などで栽培されています。プリミティーヴォはクロアチア原産の黒ぶどうで、アメリカのジンファンデルと同一品種。ネーロ・ディ・トロイアはプーリア州で栽培される黒ぶどうで、カステル・デル・モンテ・ロッソ・リゼルヴァなどに用いられます。

204

難易度 ■□□
出題頻度 ■□□
Check 1 2 3

【シチリア】地中海最大の島であるシチリアは、全 20 州で最大面積。東部にある欧州最大の活火山エトナ山はギリシャ神話では全能神ゼウスが怪物王を封じ込めたと伝えられています。山麓のエトナ D.O.C. はカッリカンテなどの白、ネレッロ・マスカレーゼなどの赤とロゼ、スプマンテ。パンテッレリアやマルヴァジア・デッレ・リパリという甘口白もあります。モスカート・ディ・トラーニはプーリア州の甘口白。

205

難易度 ■■■
出題頻度 ■■□
Check 1 2 3

【シチリア】コンテッサ・エンテッリーナはシチリア西部の D.O.C. で、カラブレーゼ（ネーロ・ダヴォラ）主体の赤ワインとロゼワイン、アンソニカなどの白ワイン。北東部のファーロはネレッロ・マスカレーゼなどの赤ワイン。最西部に位置するマルサーラは D.O.C. に認定された酒精強化酒（赤・白）。1773 年に英国人ジョン・ウッドハウスが手掛けたのが起こり。ヴィットリアは南部の村で、カラブレーゼ主体の赤ワインであるチェラスオーロ・ディ・ヴィットリアが D.O.C.G. に認められています。

206 ❹

難易度 ■□□
出題頻度 ■□□
Check 1 2 3

【サルデーニャ】ヴェルメンティーノ・ディ・ガッルーラはフルーティで口当たりのやわらかい白ワイン。チェラスオーロは一般的にロゼワインを指すが、チェラスオーロ・ディ・ヴィットリアはシチリアで造られる赤の D.O.C.G.。マルヴァジア・ディ・ボーザはサルデーニャ西部で造られる希少な白ワインで、酸化熟成により極上のシェリーのようなスタイル。同じく西部のヴェルナッチャ・ディ・オリスターノは産膜酵母による緩やかな酸化熟成のスタイル。マルサラはシチリアで造られる酒精強化酒。

207

次のスペインの記述について正しい場合は1を、誤っている場合は2を選んでください。

> 18世紀後半、フィロキセラの害で畑を失ったフランス人たちがリオハやスペイン北部にやってきてワイン造りに従事した。

❶ 正
❷ 誤

208

スペインで最も栽培面積の広いワイン用ぶどう品種を1つ選んでください。
❶ テンプラニーリョ
❷ アイレン
❸ ボバル
❹ マカベオ

209

スペインのワイン用ぶどう品種 Tempranillo を別名 Censibel と呼ぶワイン産地名を1つ選んでください。
❶ Rioja
❷ La Mancha
❸ Ribera del Duero
❹ Toro

210

スペインにおいて D.O.Ca. として現在認められている産地を1つ選んでください。
❶ Priorato
❷ Ribera del Duero
❸ Penedés
❹ La Mancha

211

スペインのワイン法による分類で、「Vinos de Pago」の意味に該当するものを1つ選んでください。
❶ 地理的表示保護ワイン
❷ 地域名付き高級ワイン
❸ 特選原産地呼称ワイン
❹ 単一ブドウ畑限定ワイン

212

次の中からスペイン独自のワイン熟成規定において、Noble の説明として正しいものを1つ選んでください。
❶ 600ℓ以下のオーク樽か、または瓶で、最低18カ月熟成させたもの
❷ 1000ℓ以下のオーク樽か、または瓶で、最低18カ月熟成させたもの
❸ 600ℓ以下のオーク樽か、または瓶で、最低24カ月熟成させたもの
❹ 1000ℓ以下のオーク樽か、または瓶で、最低24カ月熟成させたもの

207 ②

難易度 ■□□
出題頻度 ■■□
Check 1 2 3

【スペイン：歴史】害虫フィロキセラは 19 世紀後半に欧州を襲いますが、スペインに到達した 19 世紀末には対処法（接ぎ木）が考案されたため、復興が早くできました。フランスからワインを買い付けに来る業者、あるいはフランスからの入植者が樽熟成などの技術を伝え、品質向上が進みます。1926 年にはリオハでいちはやく原産地統制委員会（Consejo Reguador）が設立されました。1932 年（発効 1933 年）には国がワイン法を定め、リオハやヘレス、マラガなどの産地が認定されました。

208 ②

難易度 ■□□
出題頻度 ■■■
Check 1 2 3

【スペイン：品種】スペインには固有品種が多くあります。スペインの主な栽培品種（栽培面積順、2018 年実績 MAGRAMA 資料）は、①アイレン（21.5 万 ha）②テンプラニーリョ（20.3 万 ha）③ボバル（6.0 万 ha）④ガルナッチャ・ティンタ（グルナッシュ、5.3 万 ha）⑤マカベオ（ビウラ、5.1 万 ha）⑥モナストレル（ムールヴェドル、4.1 万 ha）、となります。このうち白ぶどうはアイレンとマカベオです。アイレンは世界最大のワイン産地ラ・マンチャで主に栽培されている品種になります。

209 ②

難易度 ■■■
出題頻度 ■■■
Check 1 2 3

【スペイン：品種】テンプラニーリョはスペインを代表する黒ぶどうで、リオハの主要品種として知られていますが、スペインの広い地域で栽培されています。リベラ・デル・デュエロではティント・フィノ（Tinto Fino）もしくはティント・デル・パイス（Tinto del País）、ラ・マンチャではセンシベル、カタルーニャではウル・デ・リェブレ（Ull de Llebre）、トロではティンタ・デ・トロ（Tinta de Toro）、マドリッドではティンタ・デ・マドリッド（Tinta de Madrid）と呼ばれます。

210 ①

難易度 ■□□
出題頻度 ■■□
Check 1 2 3

【スペイン：法律】D.O.Ca.（Denominación de Origen Calificada）はフランスの A.O.C. に相当する、スペインの分類上の最高位。1988 年に制定され、1991 年にリオハが認定されたものの、2 件目は 2009 年のプリオラートまで遅れました。リベラ・デル・デュエロはベガ・シシリアやペスケラなどの高級ワインを産出する有名産地。ペネデスはスペインでは珍しくカベルネ・ソーヴィニヨンやシャルドネも栽培。ラ・マンチャは世界最大のワイン産地で、低価格品を中心に産出してきたが、近年は品質向上が進んでいます。

211 ④

難易度 ■■□
出題頻度 ■□□
Check 1 2 3

【スペイン：法律】地域間の軋轢により D.O.Ca. の認定が進まないため、2003 年の法改正で州政府と自治体で認定が可能なビノ・デ・パゴという、スペインの独自のカテゴリーが最上位分類として制定されました。ビノ・デ・パゴはある特定の村落で、他とは際立った違いのあるテロワールを持つ畑から生産されるワインと規定されます。D.O. や D.O.Ca. に認定されていない地域に属していてもよく、D.O.Ca. に属している場合はビノ・デ・パゴ・カリフィカード（Vino de Pago Calificado）に分類されます。

212 ①

難易度 ■■■
出題頻度 ■□□
Check 1 2 3

【スペイン：法律】スペインの I.G.P. と D.O.P. では熟成分類を掲げることが認められています。ビエホ（Viejo）は最低 36 カ月で、熱や光などの酸化熟成を経たもの。アニェホ（Añejo）は 600 ℓ 以内の樽または瓶で最低 24 カ月、ノーブレ（Noble）は 600 ℓ 以内の樽または瓶で最低 18 カ月の熟成を経たものとなります。また、D.O.P. では樽容量 330 ℓ 以内の場合、グラン・レセルバやレセルバ、クリアンサという熟成分類を掲げることができます。

ワイン産地／その他ヨーロッパ

213
スペインの Gran Reserva の赤ワインは、最低 60 カ月の熟成のうち、最低何カ月の樽熟成が必要か 1 つ選んでください。
❶ 6 カ月
❷ 12 カ月
❸ 18 カ月
❹ 24 カ月

214
Cava の生産量 85％を占めている主要生産地を 1 つ選んでください。
❶ Sant Sadurní d'Anoia
❷ Priorato
❸ Tarragona
❹ Toro

215
Cava の熟成表示において Reserva とは瓶詰から滓抜きまで何カ月以上たったものを指すか 1 つ選んでください。
❶ 12 カ月
❷ 15 カ月
❸ 18 カ月
❹ 30 カ月

216
カバ・デ・パラヘ・カリフィカード（Cava de Paraje Calificado）の規定で誤りのあるものを 1 つ選んでください。
❶ 単一畑であるとともに単一収穫年である
❷ 樹齢は 10 年以上で、最大収穫量は 1ha あたり 8000kg
❸ 収穫は手摘みのみで、最大搾汁率は 60％
❹ 瓶貯蔵・熟成期間は最低 36 カ月

217
右のリオハの地図の中で、最も品質の高いワインが造られるエリアを 1 つ選んでください。
❶ A
❷ B
❸ C

218
2018 年に EU で承認されたリオハの規則改定で誤りのあるものを 1 つ選んでください。
❶ ゾーン（地区）、ムニシピオ（市町村）、ビニェードス・シングラーレス（畑名）の表示が認められた
❷ ビニェードス・シングラーレスは単一畑、もしくは複数区画の集合体パラヘの表示が認められた
❸ リオハ独自のエスプモソ・デ・カリダは認めない

213 ❸

難易度 ■■■
出題頻度 ■■□
Check ① ② ③

【スペイン：法律】スペインには熟成期間に基づく独自の品質分類があります。D.O.P. ワインはシェリーとカバを除き、オーク樽熟成（容量 330ℓ 以内）で分類を掲げることができます。最高位のグラン・レセルバでは赤が最低 60 カ月（うち樽熟成 18 カ月）、白とロゼが最低 48 カ月（同 6 カ月）。レセルバでは赤が最低 36 カ月（同 12 カ月）、白とロゼが最低 24 カ月（同 6 カ月）。クリアンサ（Crianza）では赤が最低 24 カ月（同 6 カ月）、白とロゼが最低 18 カ月（同 6 カ月）となります。

214 ❶

難易度 ■■□
出題頻度 ■■■
Check ① ② ③

【スペイン：カバ】カバはカタルーニャ語で「洞窟」を意味し、瓶内二次発酵により造られるスパークリングワインを指します。原産地は国内 11 県に分散しているものの、その 95％はペネデスを中心とするカタルーニャ州で造られています。中でもフレシネ社などの大手業者が集中するサン・サドゥルニ・デ・ノヤ村が 85％を担っています。1872 年にシャンパーニュに倣い、コドルニウ社の創設者が製造を始めたのがカバの起源となります。

215 ❷

難易度 ■■□
出題頻度 ■□□
Check ① ② ③

【スペイン：カバ】カバでは、レセルバは瓶詰めから滓抜きまで 15 カ月以上を経たものについて表示ができます。グラン・レセルバは同じく 30 カ月以上を経て、瓶の移し替えを行っていないもの。また、2016 年に単一畑の呼称、カバ・デ・パラヘ・カリフィカードが新設されました。いずれもブリュット・ナトゥーレ、エクストラ・ブリュット、ブリュットのみとなります。近年は爽やかなチャレッロ 100％のグラン・レセルバが増えています。

216 ❶

難易度 ■■□
出題頻度 ■□□
Check ① ② ③

【スペイン：カバ】カバ・デ・パラヘ・カリフィカードは、カバの高付加価値化のために、2016 年に認められたカテゴリー。2018 年現在、14 の畑名表示が認められています。きわめて厳しい規定が設けられており、単一畑もしくは、限定された地域の同じ土壌や環境を包括する複数の区画の集合体から造られることが定められています。また、単一収穫年のヴィンテージ・カバでなくてはなりません。

217 ❶

難易度 ■■□
出題頻度 ■■□
Check ① ② ③

【スペイン：リオハ】リオハはエブロ川上流域のリオハ・アルタ地区、エブロ川北岸のリオハ・アラベサ地区、下流域のリオハ・オリエンタル地区（旧バハ地区）に区分けされます。アルタ地区は熟成向きのワインが、アラベサ地区は早飲みから熟成向きまで幅広いワインができます。オリエンタル地区は他の 2 地区に比べ気温が高く、アルコール度の高いものができます。また、樹齢 35 年以上で独自の自然条件を持つ畑はビニェードス・シングラーレス（単一畑あるいは複数集合体のパラヘ）の表示が認められています。

218 ❸

難易度 ■■□
出題頻度 ■□□
Check ① ② ③

【スペイン：リオハ】リオハ D.O.Ca. 委員会が発表した規則改定の①熟成期間 ②新たなカテゴリー（地理的名称の併記）③エスプモソ・デ・カリダ（上質スパークリングワイン）、が承認されました。リオハはカバ D.O. の認定地域であったものの、独自にリオハ D.O.Ca. を掲げることが認められました。それによると、瓶内二次発酵によるもので、瓶貯蔵熟成期間が 15 カ月以上と定められています。また、レセルバは同期間が 24 カ月以上、収穫年表示のグラン・アニャータは 36 カ月以上となります。

ワイン産地／その他ヨーロッパ

219 リオハの赤ワインの熟成規定で誤りのあるものを1つ選んでください。
- ❶ クリアンサは2年の熟成を経ていること。そのうち6カ月は225ℓのオーク樽で熟成すること
- ❷ レセルバの赤ワインは3年の熟成を経ていること。そのうち最低1年はオーク樽で、その後に瓶で最低6カ月の熟成を行うこと
- ❸ グラン・レセルバの赤ワインは5年の熟成を経ていること。そのうち最低2年はオーク樽で、その後に瓶で最低2年の熟成を行うこと

220 D.O. Ribera del Duero で生産する赤ワインは、ワイン用ぶどう品種 Tempranillo を何%以上使用しなければならないのか1つ選んでください。
- ❶ 55%以上
- ❷ 65%以上
- ❸ 75%以上
- ❹ 85%以上

221 ベガ・シシリア、ペスケラなど世界的にも有名なワインメーカーがあり、スペインを代表するワイン産地を1つ選んでください。
- ❶ Rioja
- ❷ Ribera del Duero
- ❸ Priorato
- ❹ Navarra

222 ワイン用ぶどう品種 Verdejo の白ワインで有名な産地を1つ選んでください。
- ❶ Rueda
- ❷ La Mancha
- ❸ Bierzo
- ❹ Ribeiro

223 Bierzo が属する地方を以下の中から1つ選んでください。
- ❶ Castilla La Mancha
- ❷ Castilla y León
- ❸ Cataluña
- ❹ Galicia

224 2003年にスペインで初めてとなるビノ・デ・パゴに認定された畑がある生産地を1つ選んでください。
- ❶ La Mancha
- ❷ Priorato
- ❸ Ribera del Duero
- ❹ Rioja

219 ❶

難易度 ■■■
出題頻度 ■■□
Check ①②③

【スペイン：リオハ】リオハにおける赤ワインのクリアンサは1年、225ℓのオーク樽熟成が義務付けられています。白ワインとロゼワインについても熟成期間が規定されており、その期間は、クリアンサで2年（うち6カ月は225ℓのオーク樽）、レセルバでオーク樽と瓶で最低2年（うち6カ月はオーク樽）、グラン・レセルバで4年（うち6カ月はオーク樽）と定められています。

220 ❸

難易度 ■■□
出題頻度 ■■□
Check ①②③

【スペイン：リベラ・デル・ドゥエロ】リベラ・デル・ドゥエロは赤ワインとロゼワインが原産地として認められています。赤ワインではテンプラニーリョが75%以上であることが定められています。補助品種としてカベルネ・ソーヴィニョンとメルロ、マルベックをブレンドする場合、この4品種で95%以上でなくてはなりません。また、ロゼワインでは上記4種にガルナッチャ・ティンタを加えた認定品種で50%以上と定められています。原産地認定されていないものの、アルビーリョの白ワインも造られています。

221 ❷

難易度 ■■□
出題頻度 ■■□
Check ①②③

【スペイン：リベラ・デル・ドゥエロ】リベラ・デル・ドゥエロでは「ウニコ」を手掛けるボデガ・ベガ・シシリアが19世紀の設立以降、スペインの最高峰として知られていました。1980年代に「ペスケラ」を手掛けるボデガ・アレハンドロ・フェルナンデスがテンプラニーリョ100%のワインによる醸造技術の近代化に成功し、世界的に注目を集めるようになりました。かつては産業不毛の地とされましたが、四半世紀あまりで200軒以上もの生産者が創業し、スペインを代表する産地となりました。

222 ❶

難易度 ■■□
出題頻度 ■■□
Check ①②③

【スペイン：ルエダ】ルエダはカスティーリャ・イ・レオン州の州都バリャドリッドの南に位置する産地で、ベルデホから造る白ワインで評価を得ています。ビエルソは同州西部に位置する産地で、黒ぶどうのメンシアをはじめとする伝統品種を打ち出しています。ラ・マンチャはカスティーリャ・ラ・マンチャ州にある、D.O.認定の栽培面積16万haを誇る世界最大の産地です。リベイロはガリシア州南部に位置する産地で、値ごろ感のある白ワインを中心に手掛けています。

223 ❷

難易度 ■■□
出題頻度 ■■□
Check ①②③

【スペイン：ビエルソ】リベラ・デル・デュエロを牽引車としてカスティーリャ・イ・レオン州の開発が進んでいます。フレッシュな白ワインで人気のルエダ、濃厚さだけが売りだった赤ワインが洗練されてきたトロなどが続きます。また、北西部のビエルソはメンシアから冷涼感のある赤ワインで知られるようになり、2019年には村（Vino de Villa）や限定された土地の畑（Vino de Paraje）、格付け畑（Vino de Viña Clasificada）、特級格付け畑（Grand Vino de Viña Clasificada）の表記が可能となる見込み。

224 ❶

難易度 ■■□
出題頻度 ■□□
Check ①②③

【スペイン：ラ・マンチャ】単一畑限定ワイン、ビノ・デ・パゴ（Vino de Pago/V.P.）は原産地統制委員会コンセホ・レグラドールではなく、所属する州政府と自治体で認定を行います。2018年現在、D.O.Ca.域での認定がないため、V.P.カリフィカードは存在しません。V.P.の内訳は、ナバーラ州3件（北部地方）、アラゴン州1件（同）、バレンシア州1件（地中海地方）、カスティーリャ・ラ・マンチャ州8件（内陸部地方）。初認定は2003年のドミニオ・デ・バルデプーサ（トレド県）で、13世紀からグリニョン侯爵家が所有する土地。

225

栽培ぶどうの約 96% が Albariño で占められているワイン産地を 1 つ選んでください。
❶ Ribeiro
❷ Tarragona
❸ Valencia
❹ Rías Baixas

226

スペインの地中海地方に属する D.O. を 1 つ選んでください。
❶ Navarra
❷ Priorato
❸ Cigales
❹ Montilla-Moriles

227

次の記述に該当するシェリーのタイプを 1 つ選んでください。

> フィノとオロロソの中間的な風味のシェリーで、フィノの熟成途中でフロールが消失したものを、そのまま熟成させたもの。

❶ Manzanilla   ❷ Amontillado
❸ Palo Cortado   ❹ Pedro Ximénez

228

シェリーの熟成に関係する用語を 1 つ選んでください。
❶ Solera
❷ Negramoll
❸ Abona
❹ Estufa

229

VORS の表示があるシェリーの熟成年数を 1 つ選んでください。
❶ 12 年
❷ 20 年
❸ 30 年
❹ 40 年

230

16 世紀半ばから 17 世紀初期の南蛮貿易で、織田信長に献上されたポルトガルの赤ワインの名称を 1 つ選んでください。
❶ 珍紅酒
❷ 珍葡酒
❸ 珍陀酒
❹ 葡萄牙

225 **④**

難易度 ■□□
出題頻度 ■■■
Check 1 2 3

【スペイン：リアス・バイシャス】リアス・バイシャスはスペイン北西部の大西洋岸にあるガリシア地方にある産地で、スペイン国内では多雨な地域になります。主に白ワインが生産されており、栽培品種の約96%はアルバリーニョで占められています。南側に隣接するポルトガルのヴィーニョ・ヴェルデと共通するところが多く、いずれも軽快でフレッシュな白ワインとして知られます。近年は樽発酵や樽熟成を経た肉厚なものも登場してきています。アルバリーニョを表示する場合、アルバリーニョ100%と定められています。

226 **②**

難易度 ■■■
出題頻度 ■■■
Check 1 2 3

【スペイン：カタルーニャ】スペインは17自治州すべてでブドウ栽培が行われています。代表的産地としては、地中海地方には2009年にD.O.Caに昇格したプリオラートをはじめ、カバや外来品種で有名なペネデスがあります。内陸部地方には高級赤で有名なリベラ・デル・デュエロ、白で急成長したルエダ。北部地方は国内初のD.O.Ca.であるリオハ、外来品種で成長するナバラ。大西洋地方には爽やかな白ワインを産出するリアス・バイシャス。南部地方には産膜酵母を用いて熟成させたモンティーリャ・モリーレスがあります。

227 **②**

難易度 ■■□
出題頻度 ■■□
Check 1 2 3

【スペイン：シェリー】フィノは酒精強化後に「花」を意味するフロール（産膜酵母）を繁殖させて熟成させたもの。オロロソは酒精強化を高めに行い、フロールの繁殖を回避して熟成させたもの。フィノは淡黄色で、いわゆるシェリー香（酸化熟成香）があります。オロロソは琥珀色で、シェリー香がありません。アモンティリャードは琥珀色で、シェリー香があります。また、フィノのなかでもサンルカール・デ・バラメーダ産はマンサニーリャという独自のD.O.を持ち、「塩気を感じる」と言われます。

228 **①**

難易度 ■■□
出題頻度 ■■□
Check 1 2 3

【スペイン：シェリー】ソレラとはスペイン語の「床（スエロ／Suelo）」を語源とする用語。熟成中の複数の樽をブレンドすることで、風味や品質の安定化を図る技術です。むかしながらには1段目（ソレラ）、2段目（第1クリアデラ）、3段目（第2クリアデラ）と積み上げて作業をしました。いまではより簡易なタンクに注ぎ足すことが普及しています。ネグラモルはマデイラで栽培される黒ぶどう、アボナはカナリア諸島の産地（D.O.）、エストゥファはマデイラの加熱熟成庫です。

229 **③**

難易度 ■■□
出題頻度 ■□□
Check 1 2 3

【スペイン：シェリー】長期熟成シェリーは2000年から裏ラベルにVOS、またはVORSという表示がされています。フロールは長期熟成に耐えられないため、酸化熟成タイプのみ（辛口にペドロ・ヒメネスをブレンドしたものも含む）。20年以上はVOS（Vinum Optimum Signatum/Very Old Sherry）、30年以上はVORS（Vinum Optimum Rare Signatum/Very Old Rare Sherry）の認証シールを貼ります。12年もしくは15年熟成は、熟成年数表示シェリー（Vinos de Jerez con Indication de Edad）の認定があります。

230 **③**

難易度 ■■□
出題頻度 ■□□
Check 1 2 3

【ポルトガル】15世紀、エンリケ航海王子によりポルトガルの大航海時代は開かれました。その後、ヴァスコ・ダ・ガマによるインド航路の発見は、ポルトガルに莫大な富をもたらします。日本でも南蛮貿易が行われ、さまざまな産物が日本に届けられました。その中のひとつが珍陀酒（ちんたしゅ）と呼ばれたワインで、赤ワインを意味する「ヴィーニョ・ティント」が語源とも言われています。

231
スペインの Tempranillo と同じ黒ぶどう品種を 1 つ選んでください。
- ❶ Touriga Nacional
- ❷ Touriga Franca
- ❸ Trincadeira
- ❹ Tinta Roriz

232
ポルトガルのぶどう栽培面積が 1 位の産地を 1 つ選んでください。
- ❶ Douro
- ❷ Lisbon
- ❸ Minho
- ❹ Terras da Baira

233
Bairrada で造られる赤ワインの主要ぶどう品種を次の中から 1 つ選んでください。
- ❶ Baga
- ❷ Aragonez
- ❸ Touriga Nacional
- ❹ Syrah

234
Vinho Verde を産する地域として適切なものを 1 つ選んでください。
- ❶ Terras da Beira
- ❷ Minho
- ❸ Lisboa
- ❹ Tejo

235
ポルトガルの D.O.P. Porto が世界で初めて原産地管理法を導入した年を 1 つ選んでください。
- ❶ 1756 年
- ❷ 1856 年
- ❸ 1934 年
- ❹ 1956 年

236
Baixo Corgo というサブ・リージョンを持つ産地を 1 つ選んでください。
- ❶ Duriense
- ❷ Minho
- ❸ Terras do Dão
- ❹ Trasmontano

231 ④

難易度 ■■■
出題頻度 ■■■
Check [1][2][3]

【ポルトガル】ワイン用品種として認められているのは現在250超。選択肢はいずれも黒ぶどうで、栽培面積1位（2015年）のアラゴネス（別名ティンタ・ロリス）はスペインのテンプラニーリョ。トウリガ・ナショナルは濃厚でタンニンが豊富で、熟成で薫り高くなる最高品種。トウリガ・フランカは栽培面積2位、トリンカデイラは南部で栽培され、いずれもブレンドされるのが一般的です。またバイラーダ地域の地場品種バガは単一使用の品種で、小粒で皮が厚く、酸とタンニンに富む赤ワインとなります。

232 ①

難易度 ■■□
出題頻度 ■□□
Check [1][2][3]

【ポルトガル】産地別の栽培面積順位（2017年）は、①ドウロ（4.2万ha／うちD.O.P.が3.9万ha）②アレンテージョ（2.4万ha／1.4万ha）③ミーニョ（2.1万ha／1.6万ha）④リスボン（1.9万ha／0.1万ha）⑤テラス・ダ・ベイラ（1.6万ha／0.2万ha）⑥ベイラ・アトランティコ（1.5万ha／0.2万ha）⑦テラス・ド・ダォン（1.5万ha／0.5万ha）⑧トラス・オス・モンテス（1.5万ha／409ha）、と続きます。

233 ①

難易度 ■■□
出題頻度 ■□□
Check [1][2][3]

【ポルトガル】バガはポルトガルでは単一で用いられる代表的な黒ブドウ。バイラーダ地方が原産で、濃密で収斂性の強さが特徴です。ポルトガルの品種別栽培面積の順位は、①アラゴネス（別名ティンタ・ロリスまたはテンプラニーリョ）②トウリガ・フランカ③トウリガ・ナショナル④フェルナォン・ピレス（マリア・ゴメス）、と続きます。トウリガ・フランカはポルトガルを代表する品種で、濃い色合いと凝縮感が特徴。フェルナォン・ピレスは柑橘や花を思わせる幅広い香りを持つ白ブドウ。

234 ②

難易度 ■■□
出題頻度 ■■□
Check [1][2][3]

【ポルトガル】ヴィーニョ・ヴェルデはポルトガルの最北部大西洋岸に認められた原産地で、国内栽培面積の約14％を占める広大な地域になります。「グリーンのワイン」という意味を持ち、酸が高めでわずかに炭酸を含み、若々しいフレッシュな軽い風味が特徴となります。アリント、ロウレイロ、トラジャドゥーラ、アザルなどからは軽快な白ワインが造られます。一方、高級品種とされるアルバリーニョはコクのある白ワインに仕上げられます。

235 ①

難易度 ■■■
出題頻度 ■□□
Check [1][2][3]

【ポルトガル】D.O.P.ポルトは1756年に世界で初めての原産地管理法を導入した地域です。当時の宰相セバスティアン・デ・カルヴァーリョ（のちポンバル侯爵）は、イギリス商人に牛耳られていたドウロ産ワインの売買において、販売価格を押し上げるために、栽培地を指定するとともに専売化を進めました。その目的は達成されたものの、品質低下に加えて日常用ワインを含む高騰を招き、民衆による暴動をもたらすことにもなりました。

236 ①

難易度 ■■□
出題頻度 ■□□
Check [1][2][3]

【ポルトガル】デュリエンセはドウロ川上流のD.O.C.ポルト（D.O.C.ドウロ）と同じ地域で、以前はトラス・オス・モンテスに組み込まれていたものが、地方名として独立。その中には、①普及品のポルト原料を産出するバイショ・コルゴ②上級品を産出するシマ・コルゴ③開発途上のドウロ・スーペリオール、のサブ・リージョンが設けられています。とくに2000年以降はドウロ・スーペリオール左岸で高品質のテーブルワインが誕生しており、「ポルトガルの幻」と呼ばれるバルカ・ヴェーリャが有名。

ワイン産地／その他ヨーロッパ

Part2 スペイン、ポルトガル

237

次のポートワインに関する記述に該当するものを 1 つ選んでください。

> 収穫年表示のポートで、収穫から 4 年目の 3 〜 9 月の間に I.V.D.P. に申請し承認を得て、瓶詰めは 4 年目の 7 月から 6 年目の年末までに行い、収穫年と瓶詰年の表示を行うもの。

❶ Colheita   ❷ Late Bottled Vintage Port
❸ Tawny with an Indication of Age   ❹ Vintage Port

238

マデイラワインに使用され、海岸線沿いの暑い地域で栽培されることが多いワイン用白ぶどう品種を 1 つ選んでください。
❶ Sercial
❷ Verdelho
❸ Viosinho
❹ Malvasia

239

次のマデイラワインの熟成に関する記述について正しい場合は 1 を、誤っている場合は 2 を選んでください。

> 太陽熱を利用した天然の加熱熟成法はエストゥファと呼ばれ、タンク内部または外周に通した管の中に湯を循環させてタンク内のワインを人工的に加熱熟成させる方法はカンテイロと呼ばれる。

❶ 正   ❷ 誤

Part3 ドイツ

240

ドイツワインの生産地域の記述について、正しいものを 1 つ選んでください。
❶ 13 の特定栽培地域がある
❷ 北緯 37 〜 42 度の範囲内にある
❸ 特定栽培地域は西部（旧西ドイツ）のみである
❹ 白ワインの生産が 80％を超える

241

伝統的なドイツの地理的表示で畑名だけの表記が認められているものを 1 つ選んでください。
❶ Bereiche
❷ Einzellage
❸ Großlage
❹ Ortsteillage

237 ❷

難易度 ■■□
出題頻度 ■■■
Check 1 2 3

【ポルトガル】ルビータイプには、ルビー・ポルトと呼ばれる平均3年間の樽熟成後に瓶詰めされる若いものの他、いくつかのスペシャルタイプがあります。ヴィンテージは作柄がとくに優れた年に造られるもので、収穫後2年目の7月から3年目の6月までに濾過せずに瓶詰めされます。レイト・ボトルド・ヴィンテージは優れた年のものを濾過して瓶詰めします。トウニータイプは長期の樽熟成を経て黄褐色となったものです。コリェイタはトウニータイプのヴィンテージもので、円熟した味わいが特徴となります。

238 ❹

難易度 ■■■
出題頻度 ■■□
Check 1 2 3

【ポルトガル】火山島を切り拓いたマデイラでは、以前は標高によって品種の棲み分けていましたが、現在は品種の適地に栽培されています。冷涼地で栽培されるセルシアルは白ぶどうで辛口に、ヴェルデーリョは白ぶどうで中辛口に仕上げられます。温暖地で栽培されるボアルは白ぶどうで中甘口に、マルヴァジアは白ぶどうで甘口に仕上げられます。ティンタ・ネグラ・モーレは島の全収穫量の8割を占めるブレンド用の黒ぶどう。テランテスは稀少な白ぶどうで繊細な風味。ヴィオジーニョはドウロの白ぶどうです。

239 ❷

難易度 ■■□
出題頻度 ■■□
Check 1 2 3

【ポルトガル】マデイラは発酵中にグレープスピリッツ（アルコール96度）を添加した後、加熱熟成を行います。伝統的には太陽光を利用した温室カンテイロで行いました。近年、通常品は加熱桶エストゥファ（クーバ・デ・カロール）を用いるのが一般的で、この後、最低3年以上の樽熟成が義務付けられています。フラスケイラもしくはガラフェイラと呼ばれる単一品種・単一年表記のものは、表示品種100%（通常品は85%）の使用、最低20年間の樽熟成が義務付けられています。

240 ❶

難易度 ■■□
出題頻度 ■■□
Check 1 2 3

【地理】ドイツのぶどう栽培地は世界の北限であり、北緯47〜52度の範囲に広がっています。国内には13の特定栽培地域が認められており、中でも旧東ドイツにあったザーレ＝ウンストルートは北緯52度に位置しており、ドイツ最北の産地となっています。かつては白ぶどうが栽培面積の8割を占めていましたが、近年は赤ワイン需要の伸びから黒ぶどうの作付が増えており、2015年現在では白ぶどうが65.4%で、黒ぶどうが34.6%となっています（ドイツワイン基金資料）。

241 ❹

難易度 ■■□
出題頻度 ■■□
Check 1 2 3

【地理】ドイツの地理的分類は、①指定地域（Bestimmte Anbaugebiete）②地区（Bereiche）③村（Gemeinde）④畑（Lage）。畑は全国で5個のみ認められている特別単一畑（Ortsteillage）、単一畑（Einzellage）、単一畑を統合した集合畑（Großlage）があります。集合畑はVDPの特級（Großelage）と名称が類似しているので注意が必要。2014年からは登記簿に登録すれば、統合される前の畑名を【村名＋集合畑名＋旧畑名】【村名＋旧畑名】というかたちで、また畑内の小区画名も記載できます。

ワイン産地／その他ヨーロッパ

242

次のドイツワインの歴史に関する記述の中から19世紀の出来事に該当するものを1つ選んでください。
❶ ヨハニスベルグ城において、ブドウの遅摘み法の発見
❷ 物理学者 Ferdinand Oechsle が果汁の糖度を調べる比重計を発明
❸ ドイツ高級ワイン生産者連盟（V.D.P.）の設立
❹ シトー派の修道院クロスター・エーベルバッハの設立

243

次の中から2013年度実績において、ドイツで最も広く栽培されているワイン用ぶどう品種を1つ選んでください。
❶ Müller-Thurgau
❷ Riesling
❸ Spätburgunder
❹ Sylvaner

244

次の中からワイン用黒ぶどう品種を1つ選んでください。
❶ Bacchus
❷ Elbling
❸ Regent
❹ Rivaner

245

次の中からドイツワイン生産地域を、栽培面積の大きいものから小さいものの順序で正しく並べたものを1つ選んでください。
❶ Rheinhessen → Pfalz → Württemberg → Baden
❷ Pfalz → Rheinhessen → Baden → Mosel-Saar-Ruwer
❸ Rheinhessen → Pfalz → Baden → Württemberg
❹ Mosel-Saar-Ruwer → Pfalz → Baden → Rheingau

246

次の中からドイツのプレディカーツヴァインの規定で誤りのあるものを1つ選んでください。
❶ 法定地域（13地域）内の1地区（ベライヒ）に限定されたぶどうのみで造ること
❷ いかなる場合でも補糖は一切認められない
❸ すべての格付けで最低アルコール度数が7度以上あること
❹ 販売はカビネットが収穫翌年1月1日以降、シュペートレーゼ以上が収穫翌年3月1日以降であること

247

ドイツワインのプレディカーツヴァインは6段階に区別され格付けされていますが、最も糖度が低いものを1つ選んでください。
❶ アウスレーゼ
❷ シュペートレーゼ
❸ カビネット
❹ ベーレンアウスレーゼ

242 ❷

難易度 ■■□
出題頻度 ■■□
Check 1 2 3

【歴史】ドイツの歴史の大きな流れとしては、古代では、ローマ帝国によるぶどう移植（1〜2世紀）、皇帝プロブスによるワイン造りの奨励（3世紀）、民族移動による衰退（4〜6世紀）など。中世では、カール大帝による復興（8〜9世紀）、ヨハニスベルク修道院設立（1130年頃）、遅摘み法の発見（1775年）、アウスレーゼの開発（1783年）など。近代では、比重計の開発（1830年）、V.D.P.（ドイツ高級ワイン生産者連盟）設立（1910年）など。クロスター・エーベルバッハの設立は1136年。

243 ❷

難易度 ■■□
出題頻度 ■■□
Check 1 2 3

【品種】ドイツの主な栽培品種は、①リースリング（23.2%）②ミュラー・トゥルガウ（12.1%）③シュペートブルグンダー（11.4%）④ドルンフェルダー（7.5%）⑤グラウブルグンダー（6.2%）⑥ヴァイスブルグンダー（5.2%）⑦ジルヴァーナー（4.7%）、となります（2017年実績）。近年はシュペートブルグンダーやドルンフェルダーなどの黒ぶどう、グラウブルグンダーやヴァイスブルグンダーなどの白ぶどうの栽培面積が増えています。

244 ❸

難易度 ■■□
出題頻度 ■□□
Check 1 2 3

【品種】レゲントは（ジルヴァーナー×ミュラー・トゥルガウ）×シャンボールサンの交配黒ぶどう品種。バフースは日本ではバッカスと呼ばれる、（ジルヴァーナー×リースリング）×ミュラー・トゥルガウの交配白ぶどう品種。エルプリングは1〜2世紀頃、ローマ軍がドイツ南部のトリアー付近に持ち込んだとされる白ぶどう品種。リヴァーナーはミュラー・トゥルガウの別名で、ヘルマン・ミュラー博士が開発した交配白ぶどう品種（リースリング×マドレーヌ・ロワイヤル）になります。

245 ❸

難易度 ■■■
出題頻度 ■□□
Check 1 2 3

【統計】栽培面積順（2015年）は、①ラインヘッセン（2.66万ha）②ファルツ（2.37万ha）③バーデン（1.58万ha）④ヴュルテムベルク（1.13万ha）⑤モーゼル（0.88万ha）⑥フランケン（0.61万ha）⑦ナーエ（0.42万ha）⑧ラインガウ（0.32万ha）⑨ザーレ・ウンストルート（0.08万ha）⑩アール（0.06万ha）⑪ザクセン（0.05万ha）⑫ミッテルライン（0.05万ha）⑬ヘッシッシェ・ベルクシュトラーセ（0.05万ha）、となります。

246 ❸

難易度 ■■■
出題頻度 ■□□
Check 1 2 3

【法律】品質分類のひとつであるプレディカーツヴァインでは、最低アルコール度数はカビネットからアウスレーゼまでは7度以上、ベーレンアウスレーゼとアイスヴァイン、トロッケンベーレンアウスレーゼは5.5度以上であることが定められています。クヴァリテーツヴァインでは法定地域内のぶどうであること、最低アルコール度数が7度以上であることが定められている他、補糖が公的機関の許可する場合のみ認められています。

247 ❸

難易度 ■■□
出題頻度 ■■■
Check 1 2 3

【法律】プレディカーツヴァインは収穫時の状態や果汁の糖度により6階級に分類されます。カビネットは通常収穫、シュペートレーゼは1週間遅れの遅摘み、アウスレーゼはさらに遅い収穫の完熟ぶどう、ベーレンアウスレーゼは貴腐を含む粒選り収穫された過熟ぶどう、アイスヴァインは樹上で氷結したぶどう、トロッケンベーレンアウスレーゼは貴腐化したぶどうの粒選りとなります。

248

アンセストラル方式を用いて、野生酵母で発酵し、亜硫酸や門出のリキュールの添加を行わないなど、自然なタイプのスパークリングワインを1つ選んでください。
❶ Crémant
❷ Pét-Nat
❸ Shaumwein
❹ Winzersekt

249

下図はドイツワインのラベルに表示された A.P.Nr. です。次の中から A に該当するものを1つ選んでください。

				A
|	|	|	|	|
5	347	078	009	03

❶ 収穫年号　　　　　　❷ 検査年号
❸ 瓶詰め人の認識番号　❹ 特定ロットまたは瓶詰め番号

250

次のドイツのワイン畑の中から Ortsteillage（オルツタイルラーゲ）に認定されていないものを1つ選びなさい。
❶ Schloss Johannisberg
❷ Schloss Reichartshausen
❸ Marcobrunn
❹ Steinberg

251

ドイツの VDP の品質基準においてグラン・クリュにあたるものを1つ選んでください。
❶ Erste Lage
❷ Große Lage
❸ Ortswein
❹ Gutswein

252

ドイツで用いられる糖度の単位を1つ選んでください。
❶ ブリックス
❷ KMW
❸ エクスレ

253

次のドイツワイン生産地の中で最も北に位置しているものを1つ選んでください。
❶ Mosel
❷ Pfalz
❸ Württemberg
❹ Baden

248 ❷

難易度 ■□□
出題頻度 ■■□
Check ①②③

【法律】ペット・ナット（ペティヤン・ナチュレルの略）は、自然なタイプの弱発泡酒ペールヴァイン(20℃で1〜2.5気圧)。分類上シャウムヴァインやゼクトとなる、ガス圧の高いもの(3.5気圧以上)も造られています。その他、発泡酒の分類では、国内産原酒（ラントヴァイン以上）を用いたドイチャー・ゼクト、クヴァリテーツヴァインを原酒とするゼクトb.A.、ゼクトb.A.のなかでも高品質なクレマン、自家栽培・自家醸造されたヴィンツァーゼクト（二次発酵は委託も可）があります。

249 ❷

難易度 ■■□
出題頻度 ■■□
Check ①②③

【法律】プレディカーツヴァインおよびクヴァリテーツヴァインでは、公的機関による品質検査が義務付けられており、公的検査合格番号（A.P.Nr.）をラベルに表示しなくしては販売できません。設問中左から数字群ごとに、①ローカルコントロールセンター番号 ②瓶詰め人の所在地認識番号 ③瓶詰め人の認識番号 ④特定ロットあるいは瓶詰め番号 ⑤検査年号、となります。

250 ❸

難易度 ■■■
出題頻度 ■□□
Check ①②③

【格付け】ドイツでは村名と畑名を併記するのが一般的ですが、オルツタイルラーゲ（特別単一畑）は畑名だけで販売することが認められています。ラインガウにはシュロス・ヨハニスベルク（ヨハニスベルク村）、シュロス・フォルラーツ（ヴィンケル村）、シュロス・ライヒャルツハウゼン（エストリッヒ村）、シュタインベルク（ハッテンハイム村）があります。モーゼルにはシャルツホーフベルク（ヴィルティンゲン村）があります。マルコブルン（エルバッハ村）はラインガウにある銘醸畑です。

251 ❷

難易度 ■■■
出題頻度 ■□□
Check ①②③

【格付け】VDPの4階級は、①グローセ・ラーゲ（Grosse Lage ／特級）②エアステ・ラーゲ（Erste Lage ／1級）③オルツヴァイン（Ortswein ／村名表記ワイン）④グーツヴァイン（Gutswein ／醸造所名表記ワイン）、となります。VDP（VDP. Die Prädikatsweingüter ／プレディカーツヴァイン醸造所連盟）は、ブドウ畑の格付けを推進している生産者団体で、ラインガウ（1897年）やファルツ（1908年）など、各地で同じ運動を行う団体を糾合し、2012年に現在の4階級を導入しました。

252 ❸

難易度 ■□□
出題頻度 ■■□
Check ①②③

【分類】エクスレ（°œ）は15℃での果汁1ℓと水1ℓの重量差を糖分と見なす測定値。例えば果汁の重量が1090gであったとき、90°œとなります。ドイツでは階級ごとに収穫時の最低エクスレが決められています。19世紀に物理学者フェルナンド・エクスレが比重計を開発しました。ブリックスは光の屈折率を用いる測定値。実際の糖度とは異なるものの、果汁中の可溶固形成分はショ糖の割合が高いことから、目安として利用されています。オーストリアでは純粋な糖分含有量を表わすKMWが用いられます。

253 ❶

難易度 ■■■
出題頻度 ■□□
Check ①②③

【地理】ドイツのワイン産地の最北端はザーレ・ウンストルート、最東端はザクセンとなり、いずれも旧東独領に属しています。一方、最西端はモーゼル、最南端はバーデン（もしくは飛び地のあるヴュルテンベルク）となります。国内には13地域のワイン産地が指定されており、地理的な特徴としては最大産地となるラインヘッセン、最小産地となるヘシッシェ・ベルクシュトラーセ（生産量ではザクセン）、赤ワインの最大産地ヴュルテムベルクなどがあります。

254

次の記述に該当する産地を1つ選んでください。

> ドイツ最大の栽培地でワイン用ぶどう品種 Silvaner の栽培面積は世界最大である。

❶ Mosel　　　　　❷ Rheingau
❸ Baden　　　　　❹ Rheinhessen

255

蛇行を繰り返す河川により、急傾斜の畑シュタイルラーゲが4割を占める生産地域を1つ選んでください。
❶ Franken
❷ Mosel
❸ Rheingau
❹ Rheinhessen

256

ラインガウに関する記述の中で誤りのあるものを1つ選んでください。
❶ 1712年にエーバーバッハ修道院で秀逸なワインをカビネットと呼ぶようになった
❷ 1867年にドイツで初めてブドウ畑を3段階に格付けした
❸ 1136年にヨハニスベルク修道院が設立され、シュペートブルグンダーを持ち込んだ
❹ 1987年に高品質な辛口ワインの復興をめざすカルタ同盟が結成された

257

キーワードから連想されるワイン産地として適しているものを1つ選んでください。

> ・ボックスボイテル　・残糖 4g/ℓ　・バイエルン州

❶ Württemberg　　❷ Baden
❸ Sachsen　　　　　❹ Franken

Part4　その他ヨーロッパ諸国

258

イギリスで生産されるワインのうち、スパークリングワインが占める割合として適当なものを1つ選んでください。
❶ 22%
❷ 44%
❸ 66%
❹ 88%

254 **4**

難易度 ■■□
出題頻度 ■■□
Check 1 2 3

【ラインヘッセン】ラインヘッセンはドイツ最大のぶどう栽培地で、生産量の約7割を白ワインが占めています。栽培品種はミュラー・トゥルガウやリースリング、ドルンフェルダーなど。ジルヴァーナーは世界最大の栽培面積を誇ります。モーゼルはドイツ最古の産地で、いまも古代ローマ時代を起源とするエルプリングが栽培されています。耕作地の4割以上が斜度30度以上の傾斜地です。ラインガウはリースリングが約8割を占める国内屈指の銘醸地、バーデンは国内最南端で赤ワインが4割を超えています。

255 **2**

難易度 ■■□
出題頻度 ■□□
Check 1 2 3

【モーゼル】モーゼル川は蛇行を繰り返しながら北東に進み、ライン川へと合流します。蛇行部の内側にドーム状の丘、外側にすり鉢状の丘が形成され、さまざまな向きの斜面の日当たりよいところをブドウ畑に拓いています。モーゼル地域全域の4割が斜度30度を超える急傾斜の畑(Steillage／シュタイルラーゲ)で、石垣を築いて段々畑(Terassenmosel／テラッセンモーゼル)もあります。さまざまな成分の粘板岩土壌が広く分布しており、ベルンカステル地区のシーファーなどが有名です。

256 **3**

難易度 ■■□
出題頻度 ■□□
Check 1 2 3

【ラインガウ】ラインガウはドイツワインの品質向上における牽引的存在です。中世以降はキリスト教の勢力が強く、修道院の設立や修道院での技術革新が続きます。1136年にエーバーバッハ修道院が設立され、ピノ・ノワールの本拠地ブルゴーニュからシュペートブルグンダーが持ち込まれたと言われています。1720年にはヨハニスベルクでリースリングの苗木が大量に植樹されました。1753年にはエーバーバッハ修道院の所有するシュタインベルクで貴腐ブドウの収穫が行われました。

257 **4**

難易度 ■□□
出題頻度 ■■□
Check 1 2 3

【フランケン】ボックスボイテルはフランケンで用いられる太鼓型の扁平瓶です。フランケンはマイン川とその支流の河岸に広がる産地で、旧西ドイツでは最も東に位置する産地です。主にミュラー・トゥルガウやジルヴァーナーからすっきりとした辛口の白ワインが造られています。ドイツは他の地域では全般的に首の長いフルート型の瓶を用いており、ラインガウなどは茶色、モーゼルは緑色のものが普及しています。

258 **3**

難易度 ■■□
出題頻度 ■□□
Check 1 2 3

【イギリス】近年、温暖化によりイギリスでもぶどうの熟度が上がり、とくに1990年代にはスパークリングワインで高い評価を得るようになりました。2015年にはその生産量は全体の66%を占めるまでに達し、それに伴いシャルドネやピノ・ノワール、ムニエというシャンパーニュで用いられる品種の栽培が盛んになってきています。スパークリングワインは伝統的方式で9カ月は滓とともに瓶内熟成を経なくてはならず、ガス圧は3.5バール以上で、アルコール度数は最低10%と定められています。

259
2015 年統計で、イギリスのワイン生産州のうち、最もぶどう栽培面積が大きい州を次の中から 1 つ選んでください。
❶ Essex
❷ Kent
❸ West Sussex
❹ East Sussex

260
2015 年統計においてイングランドで最も広く栽培されている品種を 1 つ選んでください。
❶ Bacchus
❷ Chardonnay
❸ Pinot Noir
❹ Seyval Blanc

261
スイス最大のワイン産地を 1 つ選んでください。
❶ Valais
❷ Vaud
❸ Genève
❹ Neuchâtel

262
スイスで栽培面積が最も大きいワイン用白ブドウ品種を 1 つ選んでください。
❶ Chardonnay
❷ Chasselas
❸ Müller-Thurgau
❹ Sylvaner

263
2007 年にぶどう畑の美しい景観とワイン造りの長い歴史が評価されてユネスコの世界遺産に認定されたスイスのワイン生産地を 1 つ選んでください。
❶ La Côte
❷ Lavaux
❸ Chablais
❹ Côte-de-l'Orbe

264
毎年、州評議会で秀逸なワインにロリエ・ドール・テラヴァン（Lauriers d'Or Terravin）の称号を与える州を 1 つ選んでください。
❶ Genève
❷ Neuchâtel
❸ Valais
❹ Vaud

259 ❷

難易度 ■□□
出題頻度 ■■□
Check 1 2 3

【イギリス】北緯49～61度に位置し、世界のワイン産地の中で最も北にある地域のひとつ。メキシコ湾からの暖流によって、高緯度としては比較的温和な海洋性温帯気候。ぶどう栽培地は南部のイングランドとウェールズに集中しており、州別面積では①ケント ②ウエスト・サセックス ③ハンツ ④イースト・サセックス ⑤サリー。かつてはハイブリッドやドイツ交配品種が多く栽培されていましたが、近年はイングランド南部でシャンパーニュ品種で造るスパークリングワインが高い評価を得ています。

260 ❷

難易度 ■■□
出題頻度 ■■□
Check 1 2 3

【イギリス】かつて英国では冷涼気候に合わせてセイヴァル・ブランなどのハイブリッド、あるいはバッカスなどのドイツ系の交配品種の白ぶどうが主流でした。近年はスパークリングワインの生産が盛んになったことから、シャンパーニュに用いられる品種が急増しました。品種別の栽培面積順位は、①シャルドネ ②ピノ・ノワール ③バッカス ④ミュニエ ⑤セイヴァル・ブラン、と続きます。

261 ❶

難易度 ■■□
出題頻度 ■■□
Check 1 2 3

【スイス】スイスの生産地で最大規模を誇るのはフランス語圏（スイス・ロマンド）です。国内栽培面積1.48万haのうち1.10万haにおよび、国内生産量の約80％を占めています。続いてドイツ語圏(スイス・アルモン)、イタリア語圏（スイス・イタリエンヌ）となります。ロマンドの中には、国内生産量の40％を占める国内最大産地のヴァレー州があり、フィスパーテルミネン（標高1150m）のように高地にまで栽培地が広がっています。また、近年にはシャモゾンなど8個のグラン・クリュが認定されました。

262 ❷

難易度 ■■□
出題頻度 ■□□
Check 1 2 3

【スイス】国内栽培面積は1万4748haほど。品種別栽培面積上位(2017年)は、①ピノ・ノワール(面積比27.6%) ②シャスラ(25.3%) ③ガメイ(8.7%) ④メルロ (7.8%)。シャスラはフランス語圏を中心に栽培されており、白品種の60％を占めています。ヴァレー州では別名ファンダンで呼ばれます。ピノ・ノワールは黒品種の48％を占め、ドイツ語圏では個性豊かな赤ワイン、ロマンドではロゼとなります。メルロはイタリア語圏のティチーノ州を中心に、赤・ロゼ・白とさまざまなタイプになります。

263 ❷

難易度 ■■□
出題頻度 ■■■
Check 1 2 3

【スイス】国内第2位の生産地であるヴォー州（生産量比26％）は、レマン湖の北岸を中心に広がる生産地で、シャスラが生産量の60％を占めています。中でも北岸東部のラヴォー地区は、中世の城館でいまもワイン造りを行われており、2007年に「ぶどう畑の美しい景観とワイン造りの長い歴史」として世界遺産に登録されました。その他、北岸西部のラ・コート地区、湖東端から谷を遡るシャブレ地区などがあります。

264 ❹

難易度 ■■□
出題頻度 ■□□
Check 1 2 3

【スイス】ヴォー州評議会は秀逸なワインに称号を贈ります。とくに最優秀ワインはロリエ・ド・プラチナの称号が贈られます。ローザンヌの西に位置するラ・コート地区には12の特級（村）があり、シャトー・ドゥ・ヴュフラン（モルジュ村）などの史跡があります。東に位置するラヴォー地区には8の特級があり、現在ローザンヌ市が管理する中世の修道士が拓いた畑クロ・デ・モアン（デザレー村）などがあります。ヌーシャテル地区はロゼワインのウイユ・ド・ペルドリの発祥地です。

265

オーストリアで最も多く栽培されている黒ブドウ品種を次の中から1つ選んでください。
❶ Grüner Veltliner
❷ Spätburgunder
❸ Weißburgunder
❹ Zweigelt

266

次のオーストリアワインの説明文の中で正しいものを1つ選んでください。
❶ ドイツと国境を接しているがワイン法などは全く違う考え方である
❷ 栽培面積は白ぶどうよりも黒ぶどうの方が多い
❸ 気候はドイツに比べ温暖である
❹ 黒ぶどうの栽培比率が最も大きい品種は Blaufränkisch である

267

オーストリアワインに伝統的に認められてきた表記で、傾斜が26度を超える段丘や急斜面に植えられた樹から収穫したぶどうを原料としたワインを1つ選んでください。
❶ Ausbruch
❷ Bergwein
❸ Ried
❹ Strohwein

268

限定的生産地域で DAC を導入していないものを1つ選んでください。
❶ Kamptal
❷ Neusiedlersee
❸ Südsteiermark
❹ Wachau

269

次のオーストリアの Prädikatswein の中から、果汁の KMW 糖度規定が最も高いものを1つ選んでください。
❶ Eiswein
❷ Ausbruch
❸ Beerenauslese
❹ Strohwein

270

オーストリアの Wachau において、最高のワインに与えられる名称を1つ選んでください。
❶ スマラクト
❷ フェーダーシュピール
❸ シュタインフェーダー

265 ❹

難易度 ■■□
出題頻度 ■■□
Check ①②③

【オーストリア】オーストリアでは白ブドウ 22 品種、黒ブドウ 14 品種が地理的表示保護ワインおよび原産地呼称保護ワインに対して認められています。栽培面積順位（色／面積比）では、①グリューナー・ヴェルトリーナー（白／ 31.0%）②ツヴァイゲルト（黒／ 13.8%）③ヴェルシュリースリング（白／ 7.2%）④ブラウフレンキッシュ（黒／ 6.5%）⑤リースリング（白／ 4.3%）、と続きます。また、ゲミシュター・サッツと呼ばれる混植が伝統的に行われており、白 1.4% と黒 0.3% を占めています。

266 ❸

難易度 ■□□
出題頻度 ■□□
Check ①②③

【オーストリア】オーストリアはドイツの南に位置しており、栽培地はブルゴーニュと同じ北緯 47 ～ 48 度にあります。大陸性気候で降水量が少なく、ドイツに比べて温暖であるため、厚みのあるワインが造られています。両国は文化的にも、歴史的にも近いものがあり、栽培品種に加えて、ワイン法の階級制度などに共通性が多く見られます。栽培面積は白ぶどう 3 万 1720ha、黒ぶどう 1 万 6355ha（2017 年）。

267 ❷

難易度 ■■□
出題頻度 ■■□
Check ①②③

【オーストリア】「地理的表示のないワイン」では、ベルクヴァインとホイリゲの名称を使用できます。ベルクヴァインは斜度 26 度超の傾斜地で収穫されたぶどうで造るワイン。一方、ホイリゲは新酒のことで、収穫年の表示が必要です。リート（リード）は畑を表す高地ドイツ語の古い言葉で、消費者がブランド名と混同するのを防ぐために、例えばリート・プァッフェンベルク（Ried Pfaffenberg）というように、畑名の前に表記されます。

268 ❹

難易度 ■■□
出題頻度 ■□□
Check ①②③

【オーストリア】クヴァリテーツヴァインは、①一定条件を満たした上級品のカビネット ②フランスの AOC をモデルとした原産地呼称制度 DAC、を内包します。現在、DAC は 17 限定生産地域のうち 12 地域が導入しており、辛口のみを認定しています。つまり、プレディカーツヴァインとの併記ができません。DAC を導入していない限定的生産地域は、ヴァッハウ、ヴァーグラム、カルヌントゥム、テルメンレギオン、ウィーン（生産地域でなく、ヴィーナー・ゲミシュター・サッツのみ DAC 導入）。

269 ❷

難易度 ■■□
出題頻度 ■■□
Check ①②③

【オーストリア】オーストリアのプレディカーツヴァインは 6 等級で構成されています。上から ①トロッケンベーレンアウスレーゼ、アウスブルッフ（ルスト産のみ）②シュトローヴァイン ③アイスヴァイン ④ベーレンアウスレーゼ ⑤アウスレーゼ ⑥シュペトレーゼ、となります。国独自のアウスブルッフとシュトローヴァインという階級があるほか、カビネットがプレディカーツヴァインに含まれないのがドイツとの違いになります。

270 ❶

難易度 ■■□
出題頻度 ■■□
Check ①②③

【オーストリア】ヴァッハウではワインの品質を確保するため、1983 年から国内法とは別の基準で管理が行われてきました。KMW 糖度の数値により 3 段階に分類されています。最高位のスマラクトは豊かな果実味とバランスの良い酸味を持つ辛口白ワインで、エメラルド色のとかげに因んで命名されました。フェーダーシュピールは豊かな果実味を持つ白ワインで、鷹狩りの道具に因みます。シュタインフェーダーは軽やかな白ワインで、きゃしゃな野草に因みます。

Question ●問題

271

オーストリアワインを生産する限定的生産地域 Neusiedlersee（ノイジードラーゼー）が属する包括的生産地域を1つ選んでください。
❶ Wien
❷ Steiermark
❸ Burgenland
❹ Niederösterreich

272

オーストリアでソーヴィニヨン・ブランが主要品種として栽培されているエリアを1つ選んでください。
❶ ウィーン
❷ ズュートシュタイヤーマルク
❸ ミッテルブルゲンラント
❹ クレムスタール

273

次の地図中❶〜❽の中から⒜⒝に該当するオーストリア
ワインの産地をそれぞれ1つ選んでください。
⒜ Wachau
⒝ Weinviertel

274

次のオーストリアワインの記述に該当する産地名を1つ選んでください。

「典型的なパノニア気候の、温暖な産地でツヴァイゲルト単一もしくはツヴァイゲルト主体のブレンドのワインを造っている」

❶ Neusiedlersee DAC　　❷ Kamptal DAC
❸ Eisenberg DAC　　❹ Südsteiermark

275

トカイの貴腐ワインを「王のワインであり、ワインの王である」と称賛した人物を1つ選んでください。
❶ ルイ14世
❷ コジモ3世
❸ ヴィットリオ・エマヌエーレ2世
❹ リチャード3世

271 ③

難易度 ■■□
出題頻度 ■■□
Check 1 2 3

【オーストリア】ブルゲンラント州はオーストリア東部のハンガリー国境に広がり、国内栽培面積の約30％（1.3万ha）を占めています。ブラウフレンキッシュとツヴァイゲルトなどが栽培されており、赤ワインの国内生産では半分近くを担っています。一方、北東部のニーダーエスタライヒ州は国内栽培面積の61％（2.9万ha）を占めており、グリューナー・ヴェルトリーナーやリースリングから造る白ワインで高い評価を得ています。

272 ②

難易度 ■■■
出題頻度 ■□□
Check 1 2 3

【オーストリア】ズュートシュタイヤーマルクは高標高の丘陵地帯で、ソーヴィニヨン・ブランとトラミーナーで成功しています。ウィーンはゲミシュター・サッツと呼ばれる伝統的な混植から造られる新酒、ホイリゲが有名。ミッテルブルゲンラントはブラウフレンキッシュなどから国内屈指の力強い赤ワインが造られています。クレムスタールやカンプタールはニーダーエスタライヒ州にある8個の限定的生産地域に含まれ、グリューナー・ヴェルトリーナーやリースリングから白ワインが造られています。

273 Ⓐ ①
Ⓑ ⑥

難易度 ■□□
出題頻度 ■■□
Check 1 2 3

【オーストリア】オーストリアの国土の3分の2が山岳地帯で、西部は高山性気候、東部は大陸性気候に属しています。ぶどう栽培地は東側に集中しており、北東部のニーダーエスタライヒ州にある8つの限定的生産地域がウィーン州を囲んでいます。ドナウ川最上流に位置するヴァッハウは、グリューナー・ヴェルトリーナーが栽培面積の52％を占め、華やかさと強いミネラル感が特徴です。その東にあるクレムスタール DAC（**②**）とカンプタール DAC（**③**）は、ヴァルトフィアテルからの冷たく湿った北風とパノニア平原からの暖かく乾いた東風の影響を受け、グリューナー・ヴェルトリーナーとリースリングの銘醸地として有名です。これらの南に広がるトライゼンタール DAC はあたらしく認定された小産地ながらも、グリューナー・ヴェルトリーナー比率が55％とどこよりも高く、厚みのあるワインとなります。国内最北で最大となるヴァインフィアテル DAC は、グリューナー・ヴェルトリーナーが栽培面積の47％を占め、品種の個性とされる白胡椒の香りが顕著に表れます。

274 ①

難易度 ■■□
出題頻度 ■□□
Check 1 2 3

【オーストリア】ブルゲンラント州北部のノイジードラーゼ DAC は元々、貴腐ワインで有名だったものの、近年は赤ワインで評価を上げました。北東部の砂質土壌のツヴァイゲルトが軽快なスタイルで人気。北部はブラウフレンキッシュやザンクト・ラウレント、ピノ・ノワールなどが成功しています。一方、ミッテルブルゲンラント DAC やアイゼンベルク DAC といった州中部以南は、厚みがあって力強いブラウフレンキッシュで成功しています。

275 ①

難易度 ■■□
出題頻度 ■□□
Check 1 2 3

【ハンガリー】東欧圏で最も古いワイン造りの歴史を持つ国で、中でもトカイ・アスーは世界三大貴腐ワインとして有名です。フランス王ルイ14世はトカイの貴腐ワインをこよなく愛し、「王のワインであり、ワインの王である」と称賛しました。トスカーナ大公コジモ3世は1716年世界初となる原産地呼称制度を作った人物。ヴィットリオ・エマヌエーレ2世は1861年に統一されたイタリア王国の国王。リチャード3世は15世紀のイングランド王で、シェイクスピアの史劇に描かれています。

ワイン産地／その他ヨーロッパ

276 ハンガリーの Egri Bikavér の主要ぶどう品種を 1 つ選んでください。
❶ カダルカ
❷ ブラウアー・ポルトギーザー
❸ ケークフランコシュ
❹ ツヴァイゲルト

277 ハンガリーのワイン生産地に該当する主な気候を 1 つ選んでください。
❶ 高山性気候
❷ 大陸性気候
❸ 海洋性気候
❹ 地中海性気候

278 2016 年統計で、ハンガリーの最も大きい栽培面積のワイン産地を次の中から 1 つ選んでください。
❶ クンシャーグ
❷ モール
❸ ビュック
❹ ナジ・ショムロー

279 トカイ・エッセンシアの残糖分として正しいものを 1 つ選んでください。
❶ 9g/ℓ 以下
❷ 45g/ℓ 以上
❸ 120g/ℓ 以上
❹ 450g/ℓ 以上

280 トカイ・アスーの最低樽熟成期間を 1 つ選んでください。
❶ 9 カ月
❷ 12 カ月
❸ 18 カ月
❹ 24 カ月

281 スロヴェニアで栽培面積が最も広いぶどう品種を 1 つ選んでください。
❶ Refosku
❷ Laski Rizling
❸ Chardonnay
❹ Malvazija

276 ❸

難易度 ■■□
出題頻度 ■□□
Check 1 2 3

【ハンガリー】エグリ・ビカヴェール（エゲルの牡牛の血）は北ハンガリー地方で造られる赤ワインで、国内屈指の評価を得ています。以前はカダルカ種が広く栽培されていましたが、近年はケークフランコシュ種を中心にしてカベルネ・ソーヴィニョンやメルロが混醸されています。16世紀のオスマントルコとの戦いでのエピソードに因んで命名されました。

277 ❷

難易度 ■■□
出題頻度 □□□
Check 1 2 3

【ハンガリー】ハンガリーの国土はカルパチア盆地（パノニア平原）に広がります。西のアルプス山脈、南のディナル・アルプス山脈、北から東に回り込むカルパチア山脈に囲まれています。夏と冬の寒暖差が大きな大陸性気候で、夏の熱波はハンガリーだけでなく、隣国オーストリアの東部にも影響を与えます。両国は冷戦時代には「鉄のカーテン」で隔てられていたものの、古くからぶどうが栽培されてきたショプロン（北パノニア地方）でカーテンが開けられたことにより、東欧諸国の民主化が始まりました。

278 ❶

難易度 ■□□
出題頻度 ■□□
Check 1 2 3

【ハンガリー】クンシャーグはドナウ地方（大平原地方）に広がる生産地で、栽培面積・生産量ともに国内最大。モールは北パンノニア地方にある生産地で、16世紀にオスマン・トルコの侵略によりぶどう栽培が途絶えたものの、18世紀にドイツからの入植者によって再建され、19世紀に甘口ワインで名声を獲得しました。ビュックは北ハンガリー地方にあり、エゲルとトカイの間に広がる生産地。ナジ・ショムローは生産地区では最小ながらも、12世紀からの歴史を誇ります。

279 ❹

難易度 ■■□
出題頻度 ■■□
Check 1 2 3

【ハンガリー】「自然のままに」を意味するサモロドニは、辛口のサーラズ（Száraz、残糖9g/ℓ以下）と甘口のエーデシュ（Édes、同45g/ℓ以上）があります。「糖蜜のような」「シロップのような」を意味するアスー（Aszú、同120g/ℓ以上）は選別した貴腐ぶどうを使い、そのうちエッセンシア（Esszencia、残糖450g/ℓ以上）は貴腐ぶどうのみを使用。貴腐の搾りかすを使うマースラーシュ（Máslás）、アスーの二番搾りを使うフォルディターシュ（Fordítás）もあり、果汁を加えて再発酵させます。

280 ❸

難易度 ■■□
出題頻度 ■■□
Check 1 2 3

【ハンガリー】トカイ・アスーは残糖度120g以上、最低熟成期間が3年と定められ、出荷は収穫から3年後の1月1日以降となります。樽熟成期間は最低2年から18カ月に短縮されました。サモロドニやその他（マースラーシュやフォルディターシュ）は最低熟成期間が2年、うち樽熟成が1年以上と定められています。

281 ❷

難易度 ■□□
出題頻度 □□□
Check 1 2 3

【スロヴェニア】2016年の品種別栽培面積上位は①ラシュキ・リーズリング（面積比12.1%）②レフォシュク（8.4%）③シャルドネ（7.4%）④ソーヴィニョン（7.2%）⑤マルヴァジア（5.9%）。ラシュキ・リーズリングはリースリングとは関係性がなく、イタリアではリースリング・イタリコ、ドイツやオーストリアではヴェルシュリースリングと呼ばれます。主に東部のポドラウイエ地域とポサウイエ地域で栽培されている白ぶどう。レフォシュクはイタリアに隣接するプリモルスカ地域で栽培されている黒ぶどう。

282 スロヴェニア最大の産地であり、オーストリアやドイツの影響を受けて、豊かでアロマティックな白を手掛けている地域を1つ選んでください。
❶ Podravje
❷ Posavje
❸ Primorska

283 国際的に高い評価を得ているアイスワインが産出されるクロアチア最大規模のワイン産地を1つ選んでください。
❶ Podunavlje
❷ Slavonija
❸ Moslavina
❹ Pokuplje

284 気温が−7℃以下で収穫した凍結ブドウから造る、クロアチアのアイスワインの名称を1つ選んでください。
❶ Izborna Berba
❷ Izborna Berba Bobica
❸ Izborna Berba Prosus
❹ Ledeno Vino

285 クロアチアのブドウ品種「Frankovka」の別名を1つ選び、解答欄にマークしてください。
❶ Blaufränkisch
❷ Pinot Blanc
❸ Portgieser
❹ Chardonnay

286 クロアチアの土着品種で、ジンファンデルの起源とされるものを1つ選んでください。
❶ Babic
❷ Crljenak Kaštelanski
❸ Plavac Mali
❹ Trbljan

287 ルーマニアの土着品種の中で、最も評価されている黒ぶどう品種を1つ選んでください。
❶ Feteasca Neagra
❷ Babeasca Neagra
❸ Cadarca
❹ Feteasca Regala

282 **❶**

難易度 ■■□
出題頻度 ■■□
Check 1 2 3

【スロヴェニア】ポドラウイエ地域は北東部のハンガリー平原にある産地です。ドイツから移植された品種やシポン（フルミント）が栽培されています。また、国内第2の都市マリボールには、ギネスブックに登録された樹齢500年のぶどうがあります。ポサウイエ地域はクロアチアに隣接する南東部にあり、単一品種中心のスロヴェニアでは珍しく、ブレンドが多く行われています。プリモルスカ地域はアドリア海沿岸部で、土着品種の宝庫です。温暖な地域なので、赤ワイン比率が高め（約46％）です。

283 **❷**

難易度 ■■□
出題頻度 ■□□
Check 1 2 3

【クロアチア】ポドゥナウリエはクロアチア最東部にあり、ドナウ川沿いに広がります。辛口あるいは中辛口のトラミナッツが有名。スラヴォニアは国内最大規模の産地で、第二次大戦後にピノ系品種の栽培が盛んになりました。標高の高い斜面では「レデノ・ヴィノ（Ledeno Vino）」と呼ばれるアイスワインが造られており、国際的にも高い評価を獲得しています。モスラヴィーナは固有品種とむかしながらの栽培方法を守り続けています。ポクプリエは大陸部では西に位置している新しい産地。

284 **❹**

難易度 ■□□
出題頻度 ■□□
Check 1 2 3

【クロアチア】統制保証原産地最上級ワイン（Vrhunsko Vinos Kontrolirano Podrijetlo）は、66指定地区のいずれかで生産されたもので、補糖・補酸・減酸は禁止されています。また、遅摘みや貴腐ワインには収穫方法により、①カスナ・ベルバ（シュペトレーゼ）②イズボルナ・ベルバ（アウスレーゼ）③イズボルナ・ベルバ・ボビツ（過熟または貴腐ブドウ）④イズボルナ・ベルバ・プロスス（乾燥ブドウ）⑤レデノ・ヴィノ（アイスワイン）、という称号の併記が認められています。

285 **❶**

難易度 ■■□
出題頻度 ■□□
Check 1 2 3

【クロアチア】フランコヴカはオーストリアの重要品種ブラウフレンキッシュの別名で、クロアチアでも栽培面積9位。品種別上位は、①グラシェヴィナ（ヴェルシュリースリング、面積比22.9％）②マルヴァジア（8.5％）③プラヴァッツ・マリ（7.9％）。グラシェヴィナは大陸部で栽培されている白品種。マルヴァジアは地中海沿岸で広く栽培されている白品種。プラヴァッツ・マリは沿岸部で栽培されている黒品種で、「小さな青」という語源の通り力強い赤ワインで有名。

286 **❹**

難易度 ■■■
出題頻度 ■■□
Check 1 2 3

【クロアチア】クロアチアには約130種の土着品種があり、中でもジンファンデルの起源ツェリェニナック・カシュテランスキ（トリビドラグ）に注目が集まっています。代表的な土着品種としては、白ぶどうではクルク島で栽培されるズラフティナ（Žlahtina）、ダマルチア地方のトルブリャンなど。一方、黒ぶどうではダマルチア地方のバビッチ、イストラ半島のテラン（Teran）など。プラヴィッツ・マリはツェリェニナック・カシュテランスキとドブリチッチ（ダルマチア沿岸の古代の黒ぶどう）の交配種。

287 **❶**

難易度 ■□□
出題頻度 ■□□
Check 1 2 3

【ルーマニア】国際品種の他、独自の土着品種が100種以上を栽培。黒ぶどうでは、フェテアスカ・ネアグラ（黒い乙女）は3000年以上の歴史を誇り、各地で栽培され、ミディアムからフルボディのワインに。15世紀にモルドヴァ地方で確認されたバベアスカ・ネアグラ（黒い貴婦人）は口当たりがやさしく、カダルカは赤い果実を思わせるやわらかさ。1920年にトランシルヴァニア地方で確認された白ぶどうのファテアスカ・レガーラ（王家の乙女）は、辛口から中辛口でバランスの取れた味わいです。

288

「白い乙女」と呼ばれ、フローラルな香りを持ち、辛口から甘口まで造られている品種を1つ選んでください。
❶ Babeasca Neagra
❷ Busuioaca de Bohotin
❸ Feteasca Alba
❹ Feteasca Regala

289

ルーマニアの品質分類の最上位 D.O.C. において、貴腐菌発生後に収穫されたことを表す記載を1つ選んでください。
❶ Cules la Înnobilarea Boabelor
❷ Cules la Maturitate Deplinã
❸ Cules Târziu

290

ルーマニアで最も広く、古い歴史を持つ産地を1つ選んでください。
❶ IG Dealurile Moldovei
❷ IG Dealurile Munteniei
❸ IG Dealurile Olteniei
❹ IG Dealurile Transcilvaniei

291

ブルガリアが位置する半島を1つ選んでください。
❶ ペロポネス半島
❷ イベリア半島
❸ イストラ半島
❹ バルカン半島

292

ブルガリアの土着品種で、大量消費用のシンプルで軽い赤のテーブルワインが造られる黒ぶどう品種を1つ選んでください。
❶ Gamza
❷ Pamid
❸ Mavrud
❹ Melnik

293

ブルガリア国内の栽培面積の3割を占め、19世紀終わりに初めてワインの協同組合が発足した産地を1つ選んでください。
❶ ドナウ平原
❷ 黒海沿岸
❸ ローズヴァレー
❹ トラキアヴァレー

288 **③**

難易度 ■■□
出題頻度 ■■□
Check 1 2 3

【ルーマニア】ルーマニアはフランス原産の国際品種が広く栽培されているほか、ローマ時代に遡ることのできる古代品種が数多くあります。ブスイオアカ・デ・ボホティン（ボホティンのバジル）はロゼ用品種で、バラと品種名にもなるバジルのアロマがあります。フェテアスカ・アルバは「白い乙女」と呼ばれ、国内での栽培面積1位。ルーマニアの広い地域とモルドヴァ共和国で栽培されています。ファテアスカ・レガーラは「王家の乙女」と呼ばれ、国内での栽培面積2位。

289 **①**

難易度 ■■□
出題頻度 ■□□
Check 1 2 3

【ルーマニア】ルーマニアの品質分類は、①地理的表示のないワイン ②保護地理的表示（IG）③原産地統制呼称（D.O.C.）、となります。D.O.C. ワインのラベルには、ぶどうの収穫時期に関する表示も可能です。クレス・ラ・マトゥリターテ・デプリーナ（CMD）は完熟期の収穫、クレス・タールジウ（CT）は完熟期より遅めの収穫、クレス・ラ・インノビラーレア・ボアベロール（CIB）は貴腐菌発生後の収穫、をそれぞれ表しています。

290 **①**

難易度 ■■□
出題頻度 ■□□
Check 1 2 3

【ルーマニア】ルーマニアでは33個の D.O.C. が認められています。国内生産量の3分の1を占める北東部のモルドヴァ地方には10地区が認定されています。それらを包含する IG デアルリレ・モルドヴェイ（モルドヴァ丘陵の意味）は国内で最も広く、歴史も古い産地。コトナリ（Cotnari）やボホティン（Bohotin）などの D.O.C. があり、白ワインから赤ワインや甘口まで幅広く手掛けています。トランシルヴァニア地方はカルパチア山脈に囲まれた盆地で、やや涼しい気候から白ワインとスパークリングワインが主力。

291 **④**

難易度 ■■□
出題頻度 ■□□
Check 1 2 3

【ブルガリア】ブルガリアを東西にバルカン山脈が走り、その北側は大陸性気候、南側は地中海性気候に属します。国土は北緯41～43度に位置しており、同じ緯度帯のイタリア中部や南仏より涼しいのが特徴。北側にはドナウ平原と黒海沿岸、南側にはストゥルマ渓谷とトラキア渓谷（ダマスクローズで有名なローズ渓谷を含む）という産地があります。ワインの歴史は紀元前8世紀のトラキアまで遡ることができ、古代ギリシャで「酒の神」とされたディオニソスはトラキアのザグレウスが起源と言われています。

292 **②**

難易度 ■■■
出題頻度 ■□□
Check 1 2 3

【ブルガリア】ブルガリアには2000種を超える土着品種があります。白ぶどうでは、桃のようなさわやかで繊細なアロマをもつディミャット。黒ぶどうでは早飲みのパミッドのほか、ラズベリーのアロマをもつガムザ（東欧ではカダルカと呼ぶ）、熟成向きで厚みのあるマヴルッドやメルニックなど。社会主義時代はパミッドが広く植えられていたものの、現在は国際品種に押されており、品種別の栽培面積順位は、①メルロ ②カベルネ・ソーヴィニヨン ③パミッド ④ルカツィテリ、と続きます。

293 **①**

難易度 ■■■
出題頻度 ■□□
Check 1 2 3

【ブルガリア】北部のドナウ平原は国際品種の他、ガムザが多く栽培されています。東部の黒海沿岸はむかしからぶどう栽培が盛んな地域で、ディミャットなどの白品種で定評があります。中央バルカン部のローズヴァレーはダマスク・ローズで名高く、ミスケット・チェルヴェンなどの白品種が多く栽培されています。南部のトラキアヴァレーはボルドー品種で知られるほか、西部はマヴルッドの故郷としても知られます。南西部のストゥルマ渓谷はブルガリアで最もポピュラーなメルニックに定評があります。

294

ギリシャ特有の松脂による独特の風味を持ったワインを1つ選んでください。
❶ Assyrtiko
❷ Retsina
❸ Mavrodaphne
❹ Agiorgitiko

295

次のギリシャのワイン用ぶどう品種の中から、白ぶどう品種を1つ選んでください。
❶ リムニオ
❷ アシルティコ
❸ クシノマヴロ
❹ マンデラリア

296

次のギリシャワイン生産地の中から、主要生産地方のペロポネソス半島に位置するものを1つ選んでください。
❶ Slopes of Meliton
❷ Nemea
❸ Santorini
❹ Rhodos

297

ギリシャのネメアで「ヘラクレスの血」と呼ばれる赤ワインの生産に使用されるブドウ品種を1つ選んでください。
❶ クシノマヴロ
❷ マヴロダフネ
❸ アギオルギィティコ
❹ リムニオ

298

ヴェルミオ山北西に位置しており、がっちりとしたタンニンを備えてクシノマヴロの個性をよく表現するワインの産地を1つ選んでください。
❶ Amynteo
❷ Mantinia
❸ Naoussa
❹ Rapsani

299

モルドバの中央部に位置し、国内栽培面積の53%を占める産地を1つ選んでください。
❶ Codru
❷ Divin
❸ Ştefan-Vodă
❹ Valul lui Traian

294 ❷

難易度 ■■□
出題頻度 ■■□
Check 1 2 3

【ギリシャ】レッツィーナはギリシャ特有の白ワインで、松脂で風味付けをしたものです。サヴァティアノ種から造られ、発酵時に松脂が加えられます。まれにコッキネリと呼ばれるロゼワインのレッツィーナがあります。元々は運搬や貯蔵に用いるアンフォラ（甕）の封を閉じるために使われた松脂が溶け込んだのが起こり。2000 年代前半は総生産量の 35％を占めるほどでしたが、近年は減少傾向にあります。

295 ❷

難易度 ■■□
出題頻度 ■□□
Check 1 2 3

【ギリシャ】アシルティコはサントリーニ島やハルキディキ地域で栽培される白ぶどうで、ギリシャで最高評価を受ける品種のひとつ。リムニオはレムノス島が原産の黒ぶどうで、ハルキディキ地域で多く栽培されています。古代ギリシャの哲学者アリストテレスが「リムニア」と呼んだと言われます。クシノマヴロは幅広く栽培されている黒ぶどうです。マンディラリアは収斂性の強い黒ぶどうで、マルヴァジアなどの他品種と混醸されたりします。

296 ❷

難易度 ■■□
出題頻度 ■□□
Check 1 2 3

【ギリシャ】ペロポネソス半島にあるネメアは 500 年の歴史を持つ産地で、ギリシャ神話ではヘラクレスの生誕地とされます。スロープス・オブ・メリトン（マケドニア・トラキア）はハルキディキ半島の中央部に位置しており、1960 年代にギリシャワインの革命を起こしたと讃えられるドメーヌ・カラスがあります。サントリーニ島はキクラデス諸島の産地で、3500 年の歴史を誇るとともに、フィロキセラの被害がなかったことでも知られます。ロードス島はトルコ沿岸にあるドデカネーゼ諸島の産地です。

297 ❸

難易度 ■□□
出題頻度 ■■□
Check 1 2 3

【ギリシャ】ネメアは単一品種から造る赤ワインでは国内最大の産地。ヘラクレスがネメアに住む獅子を退治した神話に因み、愛称となりました。標高 250 〜 800m の高地にあり、高品質のワインが生まれます。クシノマヴロはギリシャを代表する黒ブドウで、酸味（クシノ）と黒い（マヴロ）の語源の通り、しっかりとしたワインになります。マヴロダフネはパトラスで栽培されている黒ブドウで、甘口などさまざまなタイプになります。リムニオはホメロスが語ったと伝えられる古代品種で、主に甘口。

298 ❶

難易度 ■■□
出題頻度 ■■□
Check 1 2 3

【ギリシャ】ギリシャで最北となるのがマケドニア地方。ナウサは 1971 年に国内初の原産地呼称を認定された産地で、ヴェルミオ山の北東斜面に位置します。クシノマヴロから造る酸の強い赤が有名。その西にあるアミンテオは標高がより高く、砂質土壌によりフィロキセラがたどり着けなかった険しい産地。マンティニアはペロポネソス半島の中心部にあり、モスホフィレロから造る白ワイン。ラプサニは中央部テッサリアのオリンポス山の麓にあり、クシノマヴロ主体の親しみやすい赤ワイン。

299 ❶

難易度 ■□□
出題頻度 ■□□
Check 1 2 3

【モルドバ】コドゥルはモルドバの中央部に位置する最大の産地。フェテアスカ・アルバやマスカット・オットネルなどの白ぶどうが 70％を占めています。世界最大規模の地下セラーと認定されているミレシチ・ミーチ（MilestiiMici）や 2 番目と言われるクリコヴァ（Cricova）など、巨大な地下空間で有名です。シュテファン・ヴォダは南東部に位置する産地。ヴァルル・ルイ・トラヤンは赤ワインとデザートワインで有名。ディヴィンはモルドバ全域で認められたブランデー（2 回蒸留／最低 3 年熟成）。

ワイン産地／その他ヨーロッパ

300 モルドバワインのシンボルとなっている動物を1つ選んでください。
- ❶ コウノトリ
- ❷ トカゲ
- ❸ 羊
- ❹ 雄鶏

301 ジョージアで2番目に広く栽培されている品種を1つ選んでください。
- ❶ Cabernet Sauvignon
- ❷ Rkatsteli
- ❸ Saperavi
- ❹ Tsolikouri

302 ジョージア東部に位置する産地で、国内最大のPDOを1つ選んでください。
- ❶ Kakheti
- ❷ Kindzmarauli
- ❸ Sviri
- ❹ Tsinadali

303 ジョージアのカヘティ地方で行われている伝統的なかもし発酵で用いられる容器を1つ選んでください。
- ❶ クヴェヴリ
- ❷ ステンレスタンク
- ❸ セメントタンク
- ❹ バリック

300 ❶

難易度 ■□□
出題頻度 ■■□
Check ①②③

【モルドバ】最もワイン造りが盛んだったのが15世紀、モルドバ公シュテファン3世（シュテファン・チェル・マーレ）の時代とされています。オスマン帝国の圧力に屈せず、ローマ教皇から「キリストの戦士」と称えられました。コウノトリが兵士にぶどうの房を与えた故事に倣い、義務ではないものの、ほとんどの生産者がコウノトリを吉兆として表示しています。トカゲはヴァッハウのスマラクト、雄鶏はキアンティ・クラッシコがシンボルとして使っています。

301 ❸

難易度 ■□□
出題頻度 ■■□
Check ①②③

【ジョージア】土着品種の宝庫で、現在も525種が栽培されています（商業生産は約45種）。国際品種の割合は5%。最大面積は、白ぶどうのルカツィテリ。冷涼で乾燥した気候を好み、内陸のカヘティ地方では主要品種。また、黒海周辺国でも栽培されています。2位は黒ぶどうのサペラヴィ。ロゼなどさまざまなタイプになるものの、語源が「色を付ける」の通り、熟成可能な高品質赤ワインにもなります。3位は白ぶどうのツォリコウリ。西部イメレティ地方で厚みのある白ワインになります。

302 ❶

難易度 ■■□
出題頻度 ■■□
Check ①②③

【ジョージア】ジョージア東部に位置するカヘティ地方は栽培面積7割を占めると言われる最大産地。保護原産地PDO19のうち、15がここに集中します。国内最大PDOとなるカヘティは辛口白ワインの原産地で、域内にその他の14の小地域PDOが認められています。キンズマラウリはサペラヴィから造る赤のセミスイートワイン。ツィナンダリはルカツィテリ（ムツヴァネ・カフリのブレンド15%まで可）から造るフローラルでキレの良い白ワイン。スヴィリはイメレティ地方で唯一のPDOで、アロマ豊かな白ワイン。

303 ❶

難易度 ■■□
出題頻度 ■□□
Check ①②③

【ジョージア】クヴェヴリと呼ばれる甕（かめ）を用いる伝統的な醸造は、2013年に世界無形文化遺産に登録されました。白ぶどうを潰した後、果汁や果皮、種子、茎を一緒に地中に埋めた甕に入れ、1カ月から数カ月の浸漬を行います。ワインが琥珀色に仕上がることから、「アンバーワイン」と呼ばれます（国際的にはオレンジワインとも）。東部のカヘティ地方で盛んなものの、一方、西部のイメレティでは、白は甕（ここではチュリと呼ぶ）を用いず、タンクや樽を用いるヨーロッパ式の醸造を行うことが多くなります。

ワイン産地／その他ヨーロッパ

Chapter 4

Part1 アメリカ、カナダ

304 次の4つの州の中からワイン生産量が全米2位の州を1つ選んでください。
❶ ワシントン州
❷ カリフォルニア州
❸ ニューヨーク州
❹ オレゴン州

305 次の記述中、下線部（a）〜（d）の中で誤っている箇所を1つ選んでください。

> アメリカは（a）1848年にメキシコ戦争に勝利し、カリフォルニアはアメリカの一部となった。19世紀後半、（b）ジャン＝ルイ・ヴィーニュにより、（c）ラブルスカ系のぶどうが持ち込まれ、ワイン産業は大きな発展を遂げたが、（d）1920年から1933年までの禁酒法の施行で壊滅的な打撃を受けた。

❶（a）　　❷（b）　　❸（c）　　❹（d）

306 アメリカの歴史の中で「禁酒法」が施行された年を次の中から1つ選んでください。
❶ 1849年
❷ 1920年
❸ 1933年
❹ 1978年

307 次の中からカリフォルニアワインを国際的に認知させた、パリで開催されたフランスワインとの比較テイスティングが行われた年号に該当するものを1つ選んでください。
❶ 1973年
❷ 1976年
❸ 1978年
❹ 1979年

308 2017年のカリフォルニア州において最も栽培面積の大きいぶどう品種を次の中から1つ選んでください。
❶ Merlot
❷ Chardonnay
❸ Cabernet Sauvignon
❹ Zinfandel

ワイン産地／ニューワールド

新世界ワインの台頭に伴い、近年は出題数がいずれの国でも増加しています。難易度はそれほど高くなく、基本的内容に抑えられています。ただし、アメリカやオーストラリアほどには産地が周知されておらず、産地の特徴を的確に整理することが求められます。

---

304 ❶

難易度 ■■□□
出題頻度 ■■□
Check 1 2 3

【アメリカ：概論】州別ブドウ生産量は、①カリフォルニア ②ワシントン ③オレゴン ④ニューヨーク、となります。国内ワイン生産量は 3364 万 hℓ（2017 年実績）で、そのうち約 80％をカリフォルニアが占めています。消費量の拡大とともに、現在ではほとんどの州でワインが造られるようになりました。とくに太平洋岸北西部のワシントンとオレゴンは拡大しています。栽培品種は伝統的にラブルスカ系および交配品種の割合が高かったものの、近年はヴィニフェラ系への転換が進んでいます。

---

305 ❸

難易度 ■■□
出題頻度 ■■□
Check 1 2 3

【アメリカ：歴史】1769 年フランシスコ修道会がカリフォルニアでワイン造りを始めます。1849 年に砂金が発見されたことで人口が急増し、ゴールドラッシュを迎えます。それに伴ってワインの需要も拡大します。ジャン゠ルイ・ヴィーニュはヴィニフェラ系ぶどうを移植し、産業の育成に努めました。禁酒法（1920 ～ 33 年）の施行により、ワイン産業は壊滅的な打撃を受けるものの、34 年からは産官学協同で産業育成が図られてきました。

---

306 ❷

難易度 ■■■
出題頻度 ■■■
Check 1 2 3

【アメリカ：歴史】1848 年に始まるゴールド・ラッシュにより人口が急増し、1949 年にカリフォルニア州が成立しました。禁酒法が 1920 ～ 1933 年に施行され、酒類産業は衰退しました。禁酒法廃止後の 1934 年に生産者で組織された協会であるワイン・インスティテュートとともに、カリフォルニア大学デイヴィス校に栽培・醸造学科が設立され、産業育成が推進されました。1976 年にパリ・テイスティングでカリフォルニアワインが優勝。ワイン法が 1978 年に制定されています。

---

307 ❷

難易度 ■■□
出題頻度 ■■□
Check 1 2 3

【アメリカ：歴史】アメリカ合衆国独立（1776 年）200 周年を記念して開催されたイベント、パリス・テイスティングは開催まではほとんど注目されなかったのですが、その結果からアメリカワインなどのプロパガンダに利用されていきます。立場の違いによって、イベントに対する見方も大きく異なるのですが、新世界ワインが国際市場で評価されるようになった時代を象徴する出来事と言えるでしょう。また、アメリカでワイン法が制定されたのが 1978 年になります。

---

308 ❷

難易度 ■■■
出題頻度 ■■■
Check 1 2 3

【アメリカ：品種】カリフォルニア州における品種別の栽培面積の順位は、①シャルドネ ②カベルネ・ソーヴィニヨン ③ピノ・ノワール ④ジンファンデル ⑤メルロ ⑥フレンチ・コロンバール、と続きます。20 世紀後半のカベルネ・シャルドネのブームにより、かつての主流であったサルタナ（生食・乾果兼用）などは減少しました。また、映画『サイドウェイ』（2004 年）に端を発するブームにより、ピノ・ノワールが急伸しました。

Question ◉問題

309

次のアメリカの記述に該当するワイン用ぶどう品種を1つ選んでください。

> イタリア南部プーリア州のプリミティーヴォと同一品種であり、ルーツはクロアチアの土着品種と報告されている。

❶ プティット・シラー　　❷ ジンファンデル
❸ ルビー・カベルネ　　❹ ヨハニスベルク・リースリング

310

カリフォルニア州のワインで州名表記をする場合、何%州内のぶどうを使用しなければならないか、1つ選んでください。

❶ 75%
❷ 85%
❸ 95%
❹ 100%

311

アメリカのワイン法を所管する機関の略称を1つ選んでください。

❶ TTB
❷ BATF
❸ VQA
❹ GIC

312

ボルドー原産のぶどう品種をブレンドした、ボルドータイプの高品質ワインの慣習的な名称を1つ選んでください。

❶ Meritage
❷ Proprietary
❸ Semi Generic
❹ Varietal Blend

313

次のカリフォルニアの地図A〜Dの中からワイン産地 Santa Barbara の正しい位置に該当するものを1つ選んでください。

❶ A
❷ B
❸ C
❹ D

309 ❷

難易度 ■□□
出題頻度 ■■□
Check 1 2 3

【アメリカ：品種】ジンファンデルはクロアチア原産のツェリェニナック・カシュテランスキが伝わったもの。アメリカではリースリングはホワイト・リースリング、またはヨハニスベルク・リースリングと呼ばれています。また、ソーヴィニヨン・ブランはフュメ・ブランと呼ばれることがあります。ルビー・カベルネ（カベルネ・ソーヴィニヨン×カリニャン）やラビレッドは、カリフォルニア州で開発された交配品種。プティット・シラーは南仏のシラーとは関係がありません。

310 ❹

難易度 ■■□
出題頻度 ■■□
Check 1 2 3

【アメリカ：法律】産地名を表示する場合、州名は州内産原料が75％以上（カリフォルニア州のみ100％）、郡名は75％以上、A.V.A.は85％以上、畑名は95％以上となります。ただし、オレゴン州ではすべて産地名が95％以上、品種名は75％以上、収穫年は95％以上（A.V.A.を掲げない場合は85％以上）。アルコール含有量の表示は、7％以上14％未満では±1.5％の誤差が認められています。14％以上となる場合はその旨が明示されます。

311 ❶

難易度 ■□□
出題頻度 ■□□
Check 1 2 3

【アメリカ：法律】アメリカ合衆国のワイン法は1978年に制定され、1983年と2006年に改正されています。A.V.A.（American Viticultural Areas）は2003年からアルコール・タバコ課税及び商取引管理局（T.T.B.）が管理しており、2017年時点で242以上が認められています。ヨーロッパのような栽培や醸造、品種に関する規定はなく、栽培地を地理的に区分するにとどまります。また、ラベルの記載事項に関しては、産地名や品種名、収穫年、アルコール度数、ワイナリー名などが別途に定められています。

312 ❶

難易度 ■□□
出題頻度 ■□□
Check 1 2 3

【アメリカ：法律】品種をブレンドしたことで高級ワインの分類であるヴァラエタルワインの規制から外れ、ジェネリックワインとして分類されてしまうワインのうち、高品質なものに対して生産者が自由に名付けたものをプロプライアタリーワインと慣習的に分類します。その中でもボルドータイプのものをメリテージと呼びます。メリテージは長所（Merit）と遺産（Heritage）からなる造語です。

313 ❷

難易度 ■■□
出題頻度 ■■□
Check 1 2 3

【アメリカ：地理】カリフォルニア州のワイン産地は、海流の影響で冷涼な気候となる太平洋沿岸に高級産地が集まっています。代表的な産地としては、ノース・コースト（A）にはナパやソノマ、メンドシーノがあります。一方、セントラル・コースト（B）にはサンフランシスコ湾やサンタ・クルーズ、モントレー、サンタ・バーバラがあります。（C）はセントラル・ヴァレー、（D）はシエラ・フットヒルズです。それぞれの産地の位置と主要品種を整理すると、その関連性が把握できます。

ワイン産地／ニューワールド

314
アルバート・ウィンクラー博士とメイナード・アメリン博士が作成した産地区分で、ボルドーと同じリージョンⅡに分類されている産地を1つ選んでください。
❶ Fresno
❷ Mendocino
❸ Napa
❹ Orange

315
全米のワイナリーの半数にあたる、約800のワイナリーがあるカリフォルニアのワイン産地を1つ選んでください。
❶ South Coast
❷ North Coast
❸ Central Valley
❹ Central Coast

316
次の中から2011年12月に承認されたナパ・カウンティで最も新しいA.V.A.の名称を1つ選んでください。
❶ Coombsville
❷ Rockpile
❸ Bennet Valley
❹ Naches Heights

317
次の中からカリフォルニア州Napa郡のA.V.A.ではないものを1つ選んでください。
❶ Howell Mountain
❷ Chalk Hill
❸ Yountville
❹ Saint Helena

318
カリフォルニアのソノマ・カウンティで、Chardonnayの次に栽培面積の広いワイン用ぶどう品種を1つ選んでください。
❶ Merlot
❷ Sauvignon Blanc
❸ French Colombard
❹ Cabernet Sauvignon

319
Mendocino Countyに位置するA.V.A.を1つ選んでください。
❶ Anderson Valley
❷ Alexander Valley
❸ Russian River Valley
❹ Knights Valley

314 ❸

難易度 ■■□
出題頻度 ■■□
Check 1 2 3

【アメリカ：地理】両博士が作成した産地区分（いわゆるウィンクラー・スケール）は、ぶどうの生育期である4月1日から10月31日までの1日の平均気温が50°F（10℃）を上回った日の、その温度差の和を足したものです。以前は新世界における品種選択の目安として利用されてきました。カリフォルニア州では内陸部のフレズノはリージョンⅤ、北部沿岸でも北寄りのメンドシーノはリージョンⅠ、南寄りのナパはリージョンⅡ、南部沿岸のオレンジはリージョンⅣに分類されています。

315 ❷

難易度 ■■■
出題頻度 ■■□
Check 1 2 3

【アメリカ：カリフォルニア】ノース・コーストはサンフランシスコ湾より北の地域で、ナパ郡（州内生産量の約4％）やソノマ郡（同6％）など、高級ワインの産地が含まれています。セントラル・コーストはサンフランシスコ湾より南の地域で、州内生産量のうち15％を占めており、幅広いワインが生産されています。セントラル・ヴァレーは醸造用ぶどうの約70％を産出する地域で、巨大生産者などにより日常品も手掛けられています。サウス・コーストはロサンゼルスより南の地域になります。

316 ❶

難易度 ■■■
出題頻度 ■■■
Check 1 2 3

【アメリカ：カリフォルニア】カリフォルニアは南北に連なるいくつもの山脈があり、有名なものに内陸部のシエラ・ネヴァダ山脈や沿岸部の海岸山脈があります。ナパ・ヴァレーも西側のマヤカマス山脈、東側のヴァカ山脈に挟まれています。当初はヴァレー・フロアと呼ばれる河川周辺が開発されてきましたが、近年はヒルサイドと呼ばれる、これらの山脈の山麓部あるいは山間部が注目されています。また、ナパ・ヴァレー南部の沿岸地域には、ソノマ郡にまたがるロス・カーネロスA.V.A.があり、冷涼地の開発の先駆となりました。

317 ❷

難易度 ■■□
出題頻度 ■■□
Check 1 2 3

【アメリカ：カリフォルニア】ナパ郡のA.V.A.はまず村名（ヨントヴィルやセント・ヘレナなど）が整備され、遅れてヒルサイドが高品質化を図るために開拓され、それに伴い山名（アトラス・ピークやハウエル・マウンテンなど）が整備されました。ソノマ郡では冷涼気候を求めて、河川沿いが開拓されたため、川名や谷名（ロシアン・リヴァー・ヴァレーやアレキサンダー・ヴァレーなど）が整備されました。ナパの川名や谷名、ソノマの山名を確認しておきましょう。チョーク・ヒルはソノマ郡のA.V.A.。

318 ❹

難易度 ■■□
出題頻度 ■■□
Check 1 2 3

【アメリカ：カリフォルニア】ソノマ郡は州内生産量の6％を産出しています。品種別の栽培面積では、①シャルドネ ②カベルネ・ソーヴィニヨン、となります。1990年代以降、サン・パブロ湾に面する南部のロス・カーネロスでのシャルドネやピノ・ノワール、スパークリングワインの成功を皮切りに、注目が集まるようになりました。近年はより冷涼な気候を求め、北部の沿岸地区の開発が進んでいます。その中にはピノ・ノワールでアメリカ屈指の評価を得るものが登場しています。

319 ❶

難易度 ■■■
出題頻度 ■■■
Check 1 2 3

【アメリカ：カリフォルニア】メンドシーノ郡はソノマ郡の北に位置する太平洋沿岸の地域です。いちはやく有機栽培に取り組んできた生産者の影響で、全栽培面積の約25％が有機認証を受けています。代表的なA.V.A.であるアンダーソン・ヴァレーは、太平洋から冷気が流れ込む冷涼な気候のため、ピノ・ノワールやシャルドネ、リースリング、ゲヴュルツトラミネールの栽培に向いています。また、高品質なスパークリングワイン用ぶどうの栽培地としても注目されています。

ワイン産地／ニューワールド

320

カリフォルニアのワイン生産地に関する記述の（　）に該当するものを1つ
選んでください。

> サン・ルイス・オビスポ・カウンティに属する A.V.A. パソ・ロブレスでは、
> （　）の品種が多く栽培されていることで有名である。

❶ アルザス系　　　　❷ ロワール系
❸ ローヌ系　　　　　❹ ボルドー系

321

ワシントン州においてワイン用ぶどう栽培面積が最も広く、州で最初に認可
された A.V.A. を1つ選んでください。
❶ Yakima Valley
❷ Walla Walla Valley
❸ Puget Sound
❹ Columbia Valley

322

次の A.V.A. の中から Washinnton 州のものを次の中から1つ選んでください。
❶ Dundee Hills
❷ Horse Heaven Hills
❸ Rogue Valley
❹ Yamhill-Carlton District

323

次の A.V.A. の中からオレゴン州最大で最初に認定された A.V.A. を1つ選ん
でください。
❶ Willamette Valley
❷ Applegate Valley
❸ Dundee Hills
❹ Ribbon Ridge

324

ニューヨーク州のマンハッタン島に初めてブドウが植えられた時期を1つ選
んでください。
❶ 15 世紀
❷ 16 世紀
❸ 17 世紀
❹ 18 世紀

325

フィンガー・レイクス地区にある A.V.A. を1つ選んでください。
❶ Champlain Valley of New York Region
❷ Naiagara Escarpment
❸ Seneca Lake
❹ The Hamptons

320 ❸

難易度 ■■□
出題頻度 ■■□
Check 1 2 3

【アメリカ：カリフォルニア】セントラル・コーストはサンフランシスコ湾の南に広がる広大な地域です。サンフランシスコ湾地区はカリフォルニアの指導的役割を果たした生産者が多くいます。沿岸部にあるモントレー郡やサンタ・バーバラ郡などは冷涼気候のため、シャルドネやピノ・ノワールで成功を収めています。一方、内陸部にあるサン・ルイス・オビスポ郡は温暖気候のため、シラーやグルナッシュ、ムールヴェドルなどのローヌ品種が多く栽培されています。

321 ❶

難易度 ■■□
出題頻度 ■■□
Check 1 2 3

【アメリカ：ワシントン】州別生産量2位のワシントンは、ブルゴーニュやボルドーと同じ緯度にあり、夏の日照時間がカリフォルニアより1時間長くなります。コロンビア・ヴァレーはカスケード山脈の東側の内陸部にある広域産地(一部はオレゴン州)で、ヤキマ・ヴァレーやワラワラ・ヴァレーなど、10の産地を内包します。さらにヤキマ・ヴァレーはレッド・マウンテン、ラトルスネーク・ヒルズ、スナイプス・マウンテンの小地区を内包します。ピュージェット・サウンドは州内では唯一の沿岸部にある産地。

322 ❷

難易度 ■■□
出題頻度 ■■□
Check 1 2 3

【アメリカ：ワシントン】ホース・ヘブン・ヒルズはワシントン州内陸部にあり、広域産地コロンビア・ヴァレーに含まれる産地です。州内最大を誇るシャトー・サン・ミッシェルの傘下にあるコロンビア・クレストの本拠地。ダンディー・ヒルズはオレゴン州のウィラメット・ヴァレー内にある産地で、ピノ・ノワールをいちはやく植樹したことで知られます。ローグ・ヴァレーはオレゴン州で最も南に位置する産地。ヤムヒル・カールトン・ディストリクトはウィラメット・ヴァレー内にある産地。

323 ❶

難易度 ■■□
出題頻度 ■■□
Check 1 2 3

【アメリカ：オレゴン】ウィラメット・ヴァレーは海岸山脈とカスケード山脈の間に位置する広域産地で、域内に6の産地が認められています。冷涼な気候でピノ・ノワールに向き、これらの産地がある北部は高品質で知られます。中でも初めてピノ・ノワールが植樹されたダンディー・ヒルズが有名。このほか、ヤムヒル・カールトン・ディストリクトやリボン・リッジなどがあります。アップルゲート・ヴァレーは広域産地サザン・オレゴンに属する産地ローグ・ヴァレー内の小地区。

324 ❸

難易度 ■■□
出題頻度 ■■□
Check 1 2 3

【アメリカ：ニューヨーク】大西洋岸北東部にあるニューヨーク州では17世紀中頃、オランダ人によりマンハッタン島にぶどうが植樹されました。厳しい気候条件によりヴィティス・ラブルスカ種、あるいはフレンチ・ハイブリッド(仏系と米系の交雑種)での栽培が行われてきました。1950年代半ばからフィンガー・レイクスで、ヴィティス・ヴィニフェラ種によるワイン造りが始まりました。ここはニューヨークワインの発祥の地であり、州全体の生産量85%を抱えます。

325 ❸

難易度 ■■□
出題頻度 ■□□
Check 1 2 3

【アメリカ：ニューヨーク】フィンガー・レイクスはニューヨーク州最大の産地で、爪で引っ掻いたような、細長い湖が並んでいることから名付けられました。最大かつ最深のセネカ湖の畔はセネカ・レイク、その東隣りのカユガ湖の畔はカユガ・レイクという小地区が認められています。湖による微気候から栽培適地となっています。シャンプレイン・ヴァレーはハドソン川上流、ナイアガラ・エスカープメントはナイアガラの滝に隣接する産地、ザ・ハンプトンズはロング・アイランド東端にある南側の半島部にある産地。

ワイン産地／ニューワールド

326 ヴァージニア州で最初に認められた A.V.A. を1つ選んでください。
❶ Middleburg Virginia
❷ Monticello
❸ Northern Neck George Washington Birthplace
❹ The Appalachian High Country

327 カナダのワイン用生産量の約60%を占める州を1つ選んでください。
❶ Nova Scotia
❷ Quebec
❸ Ontario
❹ British Columbia

328 ヴィダルの交配品種を1つ選んでください。
❶ ユニ・ブランとセイベル 4986
❷ バコ・ノワールとセイベル 4986
❸ リースリングとセイベル 4986
❹ シャルドネとセイベル 4986

329 カナダのワイン法で単一品種ワインをラベルに表記する場合、何%以上表記された品種が含まれていなければならないか、次の中から1つ選んでください。
❶ 75%
❷ 85%
❸ 95%
❹ 100%

330 オンタリオ州のワイン生産地域を次の中から1つ選んでください。
❶ Vancouver Island
❷ Lake Erie North Shore
❸ Fraser Valley
❹ Similkameen Valley

331 ブリティッシュ・コロンビア州で最大のワイン生産量の産地を1つ選んでください。
❶ Okanagan Valley
❷ Niagara Peninsula
❸ Prince Edward County
❹ Similkameen Valley

326 ❷

難易度 ■■□
出題頻度 ■■□
Check 1 2 3

【アメリカ：ヴァージニア】モンティチェッロは 1984 年、ヴァージニア州で初めて A.V.A. に認定されました。18 世紀に後の第 3 代合衆国大統領トーマス・ジェファーソンが欧州品種栽培に挑戦したモンティチェッロ農園があった地域。ミドルバーグ・ヴァージニアはワシントン DC の西にある産地。ノーザン・ネック・ジョージ・ワシントン・バースプレイスはチェサピーク湾岸にある産地で、初代大統領の生誕地。ジ・アパラチアン・ハイ・カントリーはヴァージニア州とテネシー州とにまたがります。

327 ❸

難易度 ■□□
出題頻度 ■■□
Check 1 2 3

【カナダ】ワイン用ぶどうの栽培地は東部のオンタリオ州と西部のブリティッシュ・コロンビア州に集中しており、この 2 州だけで国内生産量の 95％を産出しています。オンタリオ州のナイアガラ・ペニンシュラ（ナイアガラ半島）は五大湖のオンタリオ湖とエリー湖に挟まれた半島状の地域で（栽培地はオンタリオ湖の南岸）、醸造家資格同盟 VQA（Vintners Quality Alliance）に加盟するワイナリーの約 65％が集中しています。オンタリオは 1811 年にジョン・シラーがカナダで初めてワイン造りを始めた州です。

328 ❶

難易度 ■■□
出題頻度 ■□□
Check 1 2 3

【カナダ】カナダでは寒冷気候のため、ヴィティス・ラブルスカ種とフレンチ・ハイブリッドを使い、主に地元消費用の甘口が造られてきました。中でもヴィダル（正式名ヴィダル・ブランまたはヴィダル 256）は、ユニ・ブランとセイベル 4986 の交配種で、厚い果皮を持ち、高い酸度や果実味を有するとともに、耐寒性があることから重用されてきました。1970 年代以降は近代醸造技術を駆使し、ヴィニフェラ種による国際水準の素晴らしいワインが登場してきました。

329 ❷

難易度 ■■■
出題頻度 ■■□
Check 1 2 3

【カナダ】冷涼なカナダでは輸入原料による醸造が普及していたものの、オンタリオ州で VQA（ブドウ醸造業者資格同盟制度）による高級ワインの認証が始まり、VQA の表記が行われるようになりました。州名を表示するには、オンタリオ州で収穫された認定品種のみ。品種を表示するには、単一は 85％以上、2 品種は合計 90％以上（いずれも 15％以上の使用）などとなっています。また、ブリティッシュ・コロンビア州もこれに続き、同様の規定を満たしたものは BC VQA と表示できます。

330 ❷

難易度 ■■□
出題頻度 ■□□
Check 1 2 3

【カナダ】オンタリオ州はカナダ国内生産量の 62％、アイスワインにおいては 90％を占めています。産地としては①ナイアガラ・ペニンシュラ ②レイク・エリー・ノース・ショア ③サウス・アイランド ④プリンス・エドワード・カウンティ、があります。州生産量の 50％以上を担うナイアガラ・ペニンシュラは台地にあるナイアガラ・エスカープメント、湖岸のナイアガラ・オン・ザ・レイクの 2 つの広域のリージョナル・アペレーションがあります。

331 ❶

難易度 ■■□
出題頻度 ■□□
Check 1 2 3

【カナダ】カナダ西部にあるブリティッシュ・コロンビア州は、州別生産量ではオンタリオ州に次ぐ 2 位で、国内生産量の 33％を担います。メルロやピノ・グリ、シャルドネ、ピノ・ノワールなどが栽培されています。代表的産地としては、①オカナガン・ヴァレー ②シミルカミーン・ヴァレー ③フレーザー・ヴァレー、など。中でも内陸部のオカナガン・ヴァレーは州内最大の産地で、ゴールデン・マイルやブラック・セージ／オソヨースなどの 5 つの小地区があります。

ワイン産地／ニューワールド

332
カナダのオンタリオ州でアイスワイン生産量が最も多い、アイスワイン用の
ブドウ品種を1つ選んでください。
❶ Pinot Gris
❷ Riesling
❸ Cabernet Sauvignon
❹ Vidal

Part2 南米

333
次の生産国のうち、フィロキセラの被害を受けたことのない国を1つ選んで
ください。
❶ アルゼンチン
❷ オーストラリア
❸ チリ
❹ 南アフリカ

334
次のチリワインに関する記述中（ ）に該当する人物を1つ選んでください。

> 本格的にぶどう栽培が行われたのは1851年にチリのぶどう栽培の父と
> 呼ばれる（ ）がフランスから高級ぶどう品種を導入し、始められた。

❶ ヨハン・グランプ　　　　　❷ シルヴェストーレ・オチャガビア
❸ ヤン・ファン・リーベック　❹ サムエル・マースデン

335
チリのワイン産地に影響を与える南氷洋から北に向かって流れる冷たい海流
名を1つ選んでください。
❶ フンボルト海流
❷ 北大西洋海流
❸ ベンゲラ海流
❹ ガルフ海流

336
2011年に制定されたチリの新しい3つの産地区分で、太平洋の海岸線に面
した産地の名称を次の中から1つ選んでください。
❶ Entre Cordilleras
❷ Costa
❸ Andes

332

難易度 ■□□
出題頻度 ■■□
Check ①②③

【カナダ】カナダにおけるアイスワインの生産量の 90%をオンタリオ州が占めています。2017 年のオンタリオ州における品種別のアイスワイン生産量の順位は、①ヴィダル（72.4%）②カベルネ・フラン（15.4%）③リースリング（8.5%）、と続きます。カナダでは寒冷気候のため、補糖やスイート・リザーヴが規定内で認められているものの、アイスワインやレイト・ハーヴェスト・ワインでは認められていません。また、アイスワインは「自然に凍結したブドウで造られること」と規定されています。

333

難易度 ■□□
出題頻度 □□□
Check ①②③

【チリ】フィロキセラは北米東海岸からヨーロッパやカリフォルニアなどへと広まり、甚大な被害を与えました。チリはフィロキセラの被害はまったくなく、それ以前にフランスから移植された苗木が現在も子孫を残しています。これは北のアタカマ砂漠、南の南氷洋、東のアンデス山脈、西の太平洋に囲まれたチリは、他の生産国とは地理的に隔絶されているため、フィロキセラの侵出がなかったと言われています。

334

難易度 ■■□
出題頻度 □□□
Check ①②③

【チリ】チリでは 16 世紀半ば以降、スペインからの征服者や宣教師によりぶどう栽培が行われてきました。本格的なワイン造りは 1851 年、シルヴェストーレ・オチャガビアがフランスから高級ぶどう品種の苗木を移植するとともに、フランス人の技術者を招いたことから始まります。各地で初めてブドウ栽培を行った人物としては、オーストラリアのバロッサ地区（1847年）のヨハン・グランプ、南アフリカ（1655 年）のヤン・ファン・リーベック、ニュージーランド（1819 年）のサムエル・マースデン。

335

難易度 ■■□
出題頻度 ■■□
Check ①②③

【チリ】チリの国土は南米大陸西岸を南北 4274km に渡って細長く伸びています。大陸西岸に沿って北上する寒流のペルー海流（フンボルト海流）が大気を冷やすことで海水の蒸発が抑えられ、チリに乾燥気候をもたらします。典型的な地中海性気候とされており、冬季に雨が降り、春季から秋季までは乾期となります。年間降水量は日本と比べて 1/3 ほどになります。ぶどう栽培地は国土の中ほどにあり、南緯 27 度から 39 度まで南北1400km に広がります。

336

難易度 ■□□
出題頻度 □□□
Check ①②③

【チリ】かつてチリの産地区分は行政区分に基づき南北に区切られていましたが、2011 年にテロワールに基づいた東西に区切る区分が導入されました。沿岸部のコスタは、フンボルト海流の影響を受ける冷涼地域。海岸山脈とアンデス山脈の間にあるエントレ・コルディリェラスは、チリの農業全体の中心を担う平地。アンデスは、山脈の麓から山腹のエリア。標高が高くなるにつれ寒暖差が大きくなり、より凝縮したぶどうが収穫できます。

337

チリの白ぶどう品種で最も栽培面積の広い品種名を選んでください。
❶ Sauvignon Blanc
❷ Torrontes Riojano
❸ Chardonnay
❹ Pais

338

チリで長い間メルロと混同されたワイン用黒ぶどう品種を1つ選んでください。
❶ カベルネ・ソーヴィニヨン
❷ カベルネ・フラン
❸ プティ・ヴェルド
❹ カルメネーレ

339

チリの原産地呼称ワイン（D.O.）において、ラベルに原産地を表示するには
その地域の該当品種を何%使用しなければいけないか1つ選んでください。
❶ 65%以上
❷ 75%以上
❸ 85%以上
❹ 95%以上

340

D.O. セカノ・インテリオルを名乗ることができない産地を1つ選んでくだ
さい。
❶ Bio Bio Valley
❷ Curico Valley
❸ Itata Valley
❹ Malleco Valley

341

以下の中から産地全体が Costa に分類されるものを1つ選んでください。
❶ Bio Bio Valley
❷ Maipo Valley
❸ Maule Valley
❹ San Antonio Valley

342

太平洋からアンデス山脈を越えてアルゼンチンに吹く乾燥した暖かい風の名
称を1つ選んでください。
❶ アリゼ
❷ ゾンダ
❸ ミストラル
❹ シロッコ

337 ❶

難易度 ■■□
出題頻度 ■■□
Check 1 2 3

【チリ】チリにおける品種別の栽培面積の順位は、①カベルネ・ソーヴィニヨン ②ソーヴィニヨン・ブラン ③メルロ ④シャルドネ ⑤カルメネール、と続きます（2016年）。6位のパイスは16世紀半ばにスペインから派遣された修道士たちによって植えられ、チリのワイン産業とともに普及していきました。21世紀になって国際品種への転換が進み、栽培面積は大きく減少しています。トロンテス・リオハーノは隣国アルゼンチンの象徴的な白ぶどう。

338 ❹

難易度 ■□□
出題頻度 ■■□
Check 1 2 3

【チリ】カルメネーレは長い間メルロと混同されていたものの、元々はメドック（ボルドー）で栽培されていた品種カルメネールであることが明らかとなり、近年はカルメネーレを掲げるワインも増えてきています。19世紀にヨーロッパを襲ったフィロキセラの際、ボルドーでは絶滅したものの、あらたな栽培地を求めてチリに持ちこまれたと考えられています。語源が真紅（crimson）であるように、紅葉時に葉があざやかな赤色となります。

339 ❷

難易度 ■□□
出題頻度 ■■□
Check 1 2 3

【チリ】チリの原産地呼称ワイン（Denominación de Origen）では、原産地、品種名、収穫年のいずれも使用率が75%以上で、それぞれを表示することができます。また、品種名を複数掲げる場合、3種までが認められており、比率の高いものから順に左から記載します。ただし、表示された品種はいずれも15%以上でなくてはなりません。かつて最大面積を誇ったパイス（別名ミッション）は近年、栽培面積が大きく減っています。

340 ❹

難易度 ■■□
出題頻度 ■□□
Check 1 2 3

【チリ】セカノ・インテリオルはクリコ地域（セントラル・ヴァレー地方）とマウレ地域（同）、イタタ地域（南部地方）とビオビオ地域（同）の非灌漑畑で収穫したパイスもしくはサンソーに与えられる呼称。4地域のブドウは単独でもブレンドでも可能。また、パイスとサンソーは単独でもブレンドしても可となっています。近年、ミゲル・トーレスのスパークリングワインが話題となり、注目を集めるようになりました。

341 ❹

難易度 ■■■
出題頻度 ■□□
Check 1 2 3

【チリ】海岸山脈の西側に位置するコスタ（沿岸）にだけ属するサブ・リージョンは、サン・アントニオ・ヴァレーとカサブランカ・ヴァレーのみ。冷涼気候からシャルドネやピノ・ノワール、ソーヴィニヨン・ブランで成功しています。ビオビオ・ヴァレーはエントレ・コルディリェラス（盆地）に属するものの、南緯36度の冷涼気候のためピノ・ノワールなどで注目されています。マイポ・ヴァレーは盆地からアンデスまで、国内最大の産地マウレ・ヴァレーは沿岸からアンデスまでの3区域にまたがります。

342 ❷

難易度 ■■□
出題頻度 ■□□
Check 1 2 3

【アルゼンチン】ゾンダ（Zonda）はアンデス山脈から吹き降ろす乾燥した暖かい風で、フェーン現象を引き起こします。乾いた空気は湿った空気より温度変化が大きくなることから、山脈手前で雨を降らせた風が山脈を越えて吹き降ろす際、空気が乾き気温は高くなります。アリゼは亜熱帯から赤道に向かって吹く風（貿易風）、ミストラルはフランスの地中海沿岸に吹き降ろす強風、シロッコは初夏にアフリカからイタリアに吹く季節風です。

ワイン産地／ニューワールド

343
次のアルゼンチンの主な黒ぶどう品種の中で、マルベックの次に栽培面積の
多いぶどう品種を1つ選んでください。
❶ Bonarda
❷ Merlot
❸ Sangiovese
❹ Barbera

344
アルゼンチンのワインを産する州で最も南に位置する州を次の中から1つ選
んでください。
❶ サルタ州
❷ リオ・ネグロ州
❸ メンドーサ州
❹ トゥクマン州

345
アルゼンチン第二のぶどう・ワイン産地でマルベックやシラーが国際的に評
価されている産地を次の中から1つ選んでください。
❶ カタマルカ州
❷ サン・ファン州
❸ ネウケン州
❹ ラ・リオハ州

346
アルゼンチンのワイン生産地域で、カファジャテが位置する州を1つ選んで
ください。
❶ サルタ州
❷ カタマルカ州
❸ メンドーサ州
❹ サン・ファン州

347
アルゼンチンの代表的なワイン産地マイプの耕地がある標高を1つ選んでく
ださい。
❶ 標高 300m 〜 600m
❷ 標高 600m 〜 1100m
❸ 標高 1100m 〜 1700m
❹ 標高 1400m 〜 2000m

348
アルゼンチンの北西部地方のカルチャキ・ヴァレー地区で、最も広く栽培さ
れている、フローラルなブーケと独特のフレーバーが特徴のワイン用白ぶど
う品種を1つ選んでください。
❶ Pedro Gimenez
❷ Moscatel de Alejandria
❸ Cereza
❹ Torrontes Riojano

343 ❶

難易度 ■■□
出題頻度 ■□□
Check 1 2 3

【アルゼンチン】マルベックはフランスの南西部を原産とする黒ぶどうで、アルゼンチンでは栽培面積が第1位であるとともに、同国の象徴品種として世界から高い評価を得ています。2位のボナルダはヨーロッパ原産の黒ぶどうで、ブラジルやアルゼンチンでは広く栽培されています。その他の栽培品種としては、③カベルネ・ソーヴィニヨン ④シラー ⑤ペドロ・ジメネス（白ぶどう）、と続きます。トロンテス・リオハーノも香り高く評価されている白ぶどうです。

344 ❷

難易度 ■■□
出題頻度 ■■□
Check 1 2 3

【アルゼンチン】リオ・ネグロ州はパタゴニア地方を代表する産地で、世界最南端の産地でもあります。乾燥した大陸性気候で、平均標高は350m。ソーヴィニヨン・ブランやセミヨン、ピノ・ノワールで評価されています。近年は、隣接するラ・パンパ州やネウケン州でもワイン造りが進んでいます。サルタ州は北部地方にある高標高の地域。クージョ地方のメンドーサ州は、国内生産量の80%を担うアルゼンチンの最大産地。トゥクマン州は北部の小産地です。

345 ❷

難易度 ■■□
出題頻度 ■■□
Check 1 2 3

【アルゼンチン】州別生産量は①メンドーサ（国内生産比70%）②サン・ファン（同23%）③ラ・リオハ（同4%）④サルタ（同2%）⑤ネウケン（同1%）、と続きます。サン・ファンはクージョ地方西部の標高600～1400mに位置し、年間平均330日の晴天が続きます。主要品種はシラー。同じくクージョ地方のラ・リオハはトロンテス・リオハーノが生産量の35%を占める白中心の産地。平均年間降水量15mmのネウケンでは、力強いワインを産出します。

346 ❶

難易度 ■■□
出題頻度 ■□□
Check 1 2 3

【アルゼンチン】カファジャテはサルタ州（北部地方）に属する産地で、標高3000mを超える世界で最も高い栽培地と言われています。産地はアンデス山脈とアコンキハ山脈に挟まれたカルチャキ・ヴァレーに70%があります。トロンテスやマルベック、カベルネ・ソーヴィニヨン、タナなどを栽培しています。カタマルカ州は北部地方西部にあり、夏季の雨量が162mmと比較的多く、生食用ぶどうも生産。棚栽培が中心ですが、垣根栽培も導入されています。主要品種はトロンテス。

347 ❷

難易度 ■■■
出題頻度 ■■■
Check 1 2 3

【アルゼンチン】アルゼンチンでは高緯度（南）になるに従い、栽培地の標高が低くなります。北部の栽培地ラ・リオハでは800～1400mに位置しており、サルタのように1280～3110mというきわめて高標高の産地もあります。クージョではマイプをはじめとして、おおむね500m以上に位置しています。南寄りのサン・ラファエルでは450～800mに広がります。南部は気候が冷涼になるため、標高が低くなります。アルゼンチンのぶどう栽培地の標高は、平均およそ900mです。

348 ❹

難易度 ■■□
出題頻度 ■■□
Check 1 2 3

【アルゼンチン】マルベックとトロンテスはアルゼンチンの象徴品種で、品種別栽培面積はそれぞれ第1位と第6位。トロンテスはスペイン原産の白ぶどうで、クリオージャとモスカテル・アレハンドリアの自然交配により生まれました。中でもトロンテス・リオハーノは発祥とされるラ・リオハ州（クージョ地方）や北部などで栽培され、フローラルでエキゾチックな果実味で高く評価されています。

Part2 南米

349

ウルグアイで栽培面積が第1位の品種を1つ選んでください。
❶ Merlot
❷ Moscatel Hamburgo
❸ Tannat
❹ Ugni Blanc

350

ウルグアイで生産量が最大の産地を1つ選んでください。
❶ Canelones
❷ Colonia
❸ Maldonado
❹ Montevideo

351

ブラジルが初めて認めたワイン原産地呼称を1つ選んでください。
❶ Bahia
❷ Rio Grande do Sul
❸ Serra Gaúcha
❹ Vale dos Vinhedos

Part3 オセアニア

352

オーストラリア東端のニュー・サウス・ウェールズ州から、西端の西オーストラリア州までの距離を1つ選んでください。
❶ 約 300km
❷ 約 3000km
❸ 約 3 万 km
❹ 約 30 万 km

353

「オーストラリアのワイン用ぶどう栽培の父」と形容され、重要な遺産を残した人物を1人選んでください。
❶ アーサー・フィリップ
❷ ジェームズ・バズビー
❸ マックス・シューバート
❹ ジョン・リドック

349 ❸

難易度 ■□□
出題頻度 ■■□
Check 1 2 3

【ウルグアイ】ウルグアイにおける品種別の栽培面積の順位は、①タナ（アリアゲ）②モスカテル・アンブルコ ③メルロ ④ユニ・ブランコ ⑤カベルネ・ソーヴィニョン、と続きます。栽培面積の80％が黒ぶどう。タナはフレンチ・バスクの移民パスカル・アリアゲが持ち込んだもので、アリアゲと呼ばれ、ウルグアイの象徴品種となっています（栽培面積比26％）。ウルグアイのタナ（ウルタナと呼ぶ）はやわらかく若いうちからも飲みやすい特徴があります。

350 ❶

難易度 ■□□
出題頻度 ■■□
Check 1 2 3

【ウルグアイ】ウルグアイでは19県のうち15県でぶどう栽培が行われています。首都モンテビデオの北に位置するカネロネス県が最大産地で、国内栽培面積の64.1％を担っています。栽培地は平野部に広がっており、タナを始めとする黒ぶどうが78％を占めています。第2位は首都を擁するモンテビデオで、国内栽培面積の11.8％を担っています。タナを始めとする黒ぶどうが83％を占めています。第3位はコロニア県、第4位はサン・ホセ県と続きます。

351 ❹

難易度 ■□□
出題頻度 ■□□
Check 1 2 3

【ブラジル】ブドウ栽培地は、南部のリオ・グランデ・ド・スル州とサンタ・カタリーナ州、北東部のバイーヤ州とペルナンブーコ州など。栽培は食用が中心で、ワイン産地はウルグアイに隣接する、リオ・グランデ・ド・スル州の南部にある山岳地帯セラ・ガウチャに集中しています。とくにヴァレ・ドス・ヴィニエードスは2002年に産地表示が認められ、2012年にブラジル初の原産地呼称が認められています。降雨量の多さからハイブリッド種が中心でしたが、近年はメルロなど欧州種も盛ん。

352 ❷

難易度 ■□□
出題頻度 ■□□
Check 1 2 3

【オーストラリア：地理】オーストラリアの国土はヨーロッパのおよそ7割に相当します。ぶどう栽培地は熱帯地域を除き、南緯31度から43度の間で帯状に点在。東端のニュー・サウス・ウェールズ州から、西端の西オーストラリア州までは約3000km超におよびます。栽培面積は13.5万ha（2015年実績、ABS資料）とボルドーより2万haほど多いだけです。生産者数は2394軒（2016年）で、上位26社で国内総生産量の88％を占める一方、生産者の大多数は中小規模生産者が占めています。

353 ❷

難易度 ■■□
出題頻度 ■□□
Check 1 2 3

【オーストラリア：歴史】オーストラリアに初めてぶどうが植樹されたのは1788年、ニュー・サウス・ウェールズ初代提督アーサー・フィリップによるものです。1825年にはジェームズ・バズビーによりハンター・ヴァレー（ニュー・サウス・ウェールズ州）に本格的なぶどう園が開設されました。彼は1831年にヨーロッパを巡って、ぶどうの樹や枝を入手し、王立シドニー植物園で栽培しました。後に彼が持ち帰ったぶどうがオーストラリアの各地に広められたと言われています。

354

シレジア地方（現ドイツの周辺）から宗教迫害を逃れ入植した人々がぶどう畑を開拓したワイン産地を1つ選んでください。
❶ Barossa Valley
❷ Coonawarra
❸ Hunter Valley
❹ Swan Valley

355

クレア・ヴァレーのワイン生産者13社が、白ワインにスクリュー栓（ステルヴァン）を採用すると一致して決めた年を1つ選んでください。
❶ 2000年
❷ 2005年
❸ 2010年
❹ 2015年

356

オーストラリアワインのラベルに記載が義務付けられている添加物の表示で、300が意味するものを1つ選んでください。
❶ アスコルビン酸（ビタミンC）
❷ ソルビン酸
❸ 亜硫酸（二酸化硫黄）
❹ 酒石酸

357

Aperaのカテゴリーとして正しいものを1つ選んでください。
❶ クリーム
❷ ヴィンテージ
❸ クラシック
❹ レア

358

オーストラリアのG.I.制度においてヴィンテージ表示するためには、特定のヴィンテージのワインが何パーセント以上含まれている必要があるか、1つ選んでください。
❶ 75%
❷ 80%
❸ 85%
❹ 90%

359

オーストラリアで栽培面積が最も大きいワイン用ぶどう品種を1つ選んでください。
❶ Cabernet Sauvignon
❷ Grenache
❸ Merlot
❹ Shiraz

354 ❶

難易度 ■■□
出題頻度 ■□□
Check 1 2 3

【オーストラリア：歴史】各州でぶどう栽培・ワイン造りが始まったのは、タスマニア（1823 年）、ビクトリア（1834 年）、南オーストラリア（1837 年）という流れ。バロッサはシレジア地方から入植した人々により開拓されました。冷涼なクレア・ヴァレーやイーデン・ヴァレーが屈指のリースリングの産地となったのも、彼らが持ち込んだため。スワン・ヴァレーは旧ユーゴスラヴィアなどからの移民により開拓され、西オーストラリアで初となる産地が確立されました。

355 ❶

難易度 ■□□
出題頻度 ■□□
Check 1 2 3

【オーストラリア：歴史】クレア・ヴァレーにおけるリースリングの先駆者であるグロセットは、スクリュー栓の推進者としても有名です。彼を中心として同地区の生産者 13 社が 2000 年に採用を宣言したことが大きな話題となり、その後オーストラリアやニュージーランド、チリやシャブリ（フランス）、ドイツなどでもスクリュー栓が普及していきます。白ワインではアロマを大切にするという潮流の中で、コルクからスクリュー栓への分岐点とされています。

356 ❶

難易度 ■■■
出題頻度 ■□□
Check 1 2 3

【オーストラリア：法律】オーストラリア・ニュージーランド食品基準機関が定める食品基準により、酸化防止剤と保存料の表示が義務付けられ、その番号がラベルに記載されます。それによると、ソルビン酸が 200、亜硫酸（二酸化硫黄）が 220、アスコルビン酸（ビタミン C）が 300 と定められています。2012 年にはオーストラリアワインの輸出許可制度が変更され、すべてのワインに課せられてきた輸出前検査が廃止され、100 ℓ 以上の出荷に際してのみ輸出前検査が義務付けられました。

357 ❶

難易度 ■■■
出題頻度 ■□□
Check 1 2 3

【オーストラリア：法律】オーストラリアでは 2010 年以降、シェリーをアペラ（Apera）、ポートをフォーティファイド（Fortified）、リキュール・トカイをトパーク（Topaque）に変更しました。アペラは甘辛の度合いによりドライ、ミディアムドライ、スイート、クリームの 4 種類に分類されます。また、フォーティファイドはヴィンテージとトゥニーがあります。トパークは基本的なスタイルのラザグレン、深みのあるクラシック、ランシオ香のあるグランド、最高峰となるレアに分類されます。

358 ❸

難易度 ■□□
出題頻度 ■□□
Check 1 2 3

【オーストラリア：法律】G.I. 制度は 1980 年代の EC とのワイン貿易協定、ならびに知的財産法・貿易関連事項に関する協定を遵守するため、1993 年に導入されました。G.I. 制度はヨーロッパの原産地呼称制度に類似していますが、ぶどう栽培とワイン製造方法には、特定の原産地呼称に関連した厳格な規格がありません。規定された地理的呼称の原料が 85％以上含まれている場合に表示できます。複数の地理的呼称を表示する場合、最大 3 カ所までが可能で、その際は 3 カ所の合計が 95％以上でなくてはなりません。

359 ❹

難易度 ■■□
出題頻度 ■■■
Check 1 2 3

【オーストラリア：品種】オーストラリアの品種別栽培面積は、①シラーズ（4.0 万 ha）②カベルネ・ソーヴィニヨン（2.5 万 ha）③シャルドネ（2.1 万 ha）④メルロ（0.8 万 ha）⑤ソーヴィニヨン・ブラン（0.6 万 ha）⑥セミヨン（0.5 万 ha）、となっています（2015 年実績、ABS 資料）。1990 年代まではセミヨンやマスカット・ゴルド・ブランコ、グルナッシュなどが上位を占めていました。近年は市場の人気に合わせて、シラーやシャルドネ、カベルネ・ソーヴィニヨンといった国際品種への転換が進んでいます。

360 西オーストラリア州最有力と言われるファインワイン産地を1つ選んでください。
❶ Tumbarumba
❷ Margaret River
❸ Yarra Valley
❹ Hunter

361 マーガレット・リヴァーにおいて秀逸なカベルネ・ソーヴィニヨンの生産者が集中する地域を1つ選んでください。
❶ Carbunup
❷ Karridale
❸ Wilyabrup
❹ Yallingup

362 次の中から南オーストラリア州で Eden Valley とならび、リースリングで知られるワイン産地を1つ選んでください。
❶ Adelaide Hills
❷ Adelaide Plains
❸ Barossa Valley
❹ Clare Valley

363 オーストラリアのクナワラの特徴的な土壌を1つ選んでください。
❶ ライムストーン
❷ テラロッサ
❸ サンドストーン
❹ バルバロッサ

364 バロッサ・ヴァレーの栽培面積の約5割を占める品種を次の中から1つ選んでください。
❶ Chardonnay
❷ Cabernet Sauvignon
❸ Semillon
❹ Shiraz

365 南オーストラリア州に位置する Region を1つ選んでください。
❶ Margaret River
❷ McLaren Vale
❸ Yarra Valley
❹ Hunter

360 ❷

難易度 ■■□
出題頻度 ■■□
Check 1 2 3

【オーストラリア：西オーストラリア州】ぶどう栽培は 1920 年代にスワン・リヴァー（スワン・ディストリクト地区）で始まったものの、現在はより南の地域に中心が移っています。ハロルド・オルモ博士のグレート・サザン地区とボルドーの気候の共通性の報告により、州政府は 1965 年に同地区への植樹を行います。ジョン・グラッドストーンズ博士が 1966 年にマーガレット・リヴァーの可能性を発表したことにより、1960 年代末から 1970 年代にかけてマーガレット・リヴァーの開発が進みました。

361 ❸

難易度 ■■□
出題頻度 ■■□
Check 1 2 3

【オーストラリア：西オーストラリア州】1967 年のヴァス・フェリックスの設立を皮切りにして、1970 年代にマーガレット・リヴァーは開発が進みました。現在ではワイナリーが 200 軒を超え、西オーストラリア州の中心地となっています。秀逸なカベルネ・ソーヴィニョンの造り手が集中するウィリヤブラップ地区をはじめ、地域を 6 つのサブリージョンに分ける案が出されています。南隣のウォルクリフ地区はやや冷涼でエレガント。地区の南半分を占めるカリデール地区では白ワイン中心。

362 ❹

難易度 ■■■
出題頻度 ■■□
Check 1 2 3

【オーストラリア：南オーストラリア州】1836 年頃から入植が始まり、現在では国内生産量のおよそ半分を賄っています。世界の有力産地と離れていたことから、フィロキセラの被害がおよばなかったため、世界で最も古いぶどうの樹が現存する土地です。「シラーズの首都」と呼ばれるバロッサ・ヴァレーの他、リースリングで成功しているクレア・ヴァレーとイーデン・ヴァレー、高級スティルワインとスパークリングワインのアデレード・ヒルズなどがあります。

363 ❷

難易度 ■■■
出題頻度 ■■■
Check 1 2 3

【オーストラリア：南オーストラリア州】クナワラは州の東南端に位置しており、オーストラリアを代表するカベルネ・ソーヴィニョンの銘醸地のひとつ。海洋性気候で、湿度の低い涼しい夏が他の地域との個性の違いを生みます。テラロッサはクナワラ地区の赤土に覆われた土地を表わす言葉で、酸化鉄を含む粘土などで構成されます。オーストラリアでは最も有名な土壌ですが、この地区に特有のものではありません。1890 年スコットランド人ジョン・リドックがペノーラという土地にブドウを植樹したのが起こり。

364 ❹

難易度 ■■□
出題頻度 ■■□
Check 1 2 3

【オーストラリア：南オーストラリア州】G.I. バロッサはバロッサ・レンジという谷で隔てられたバロッサ・ヴァレー地区とイーデン・ヴァレー地区で構成されます。標高 250 〜 350m のバロッサ・ヴァレーは温暖で、栽培面積の 85% が黒ぶどう。とくにシラーズは 5 割を占めています。一方、標高 400 〜 550m のイーデン・ヴァレーは白・赤が半分ずつ。リースリングは評価が高く、クレア・ヴァレーと並ぶ銘醸地。ヘンチキ「ヒル・オブ・グレイス」は単一畑のシラーズとしては国内最高峰と讃えられています。

365 ❷

難易度 ■■■
出題頻度 ■■□
Check 1 2 3

【オーストラリア：南オーストラリア州】地理的呼称 G.I. では、地理的呼称や収穫年、品種はいずれも使用率 85% 以上で表示が可能です。地理的呼称は州（State）、地域（Zone）、地区（Region）、小地区（Sub-Region）と階層構造が設けられています。マーガレット・リヴァー（西オーストラリア州）、マクラーレン・ヴェイル（南オーストラリア州）、ヤラ・ヴァレー（ヴィクトリア州）、ハンター（ニュー・サウス・ウェールズ州）はいずれも地区の G.I. になります。

ワイン産地／ニューワールド

366 次のオーストラリアの記述に該当するヴィクトリア州のワイン産地を1つ選んでください。

> 現在オーストラリアで最高級のピノ・ノワールを生産する産地のひとつとして知られ、上品で瓶熟成の長いシャルドネも生産している。

❶ Eden Valley　　❷ Goulburn Valley
❸ Yarra Valley　　❹ Margaret River

367 ヴィクトリア州とニュー・サウス・ウェールズ州にまたがる広大な産地を1つ選んでください。
❶ Murray Darling
❷ Orange
❸ Pyrenees
❹ Riverina

368 オーストラリアにおいて酒精強化ワインの産地として有名なものを1つ選んでください。
❶ スワン・ディストリクト
❷ キング・ヴァレー
❸ オレンジ
❹ ラザグレン

369 ハンター・ヴァレーに本格的なブドウ園を開設し、「オーストラリアのワイン用ぶどう栽培の父」と形容される人物を1人選んでください。
❶ アーサー・フィリップ
❷ ヤン・ファン・リーベック
❸ ジェームズ・バズビー
❹ クラウス・ユング

370 次の記述に該当するオーストラリアのワイン産地を1つ選んでください。

> 冷涼な気候で、栽培品種はピノ・ノワールとシャルドネ、リースリングが主流。シャルドネとピノ・ノワールから造られるスパークリングワインでも知られる。1840年代に州都ホバート近郊でぶどうが栽培されていたが、1970年代半ばに商業規模のぶどう畑が拓かれた。

❶ Margaret River　❷ Tasmania　❸ Yarra Valley　❹ Kangaroo Island

371 タスマニア州に最も広く分布する土壌を次の中から1つ選んでください。
❶ アルバリサ
❷ ガレストロ
❸ スレート
❹ ジュラシック・ドレライト

366 ❸

難易度 ■■□
出題頻度 ■■□
Check 1 2 3

【オーストラリア：ヴィクトリア州】ヴィクトリア州は 19 世紀には「John Bull's Vineyards（英国民のぶどう畑）」と呼ばれるほどイギリス向けの輸出が盛んだったものの、フィロキセラ被害による衰退を経て、復興の途上にあります。南オーストラリア州が大規模生産者を中心とした産業構造が形成されているのに対して、ヴィクトリア州は中小規模生産者が中心となります。ヤラ・ヴァレーをはじめ、冷涼気候を生かした上質のピノ・ノワールやシャルドネで評価を獲得しています。

367 ❶

難易度 ■■□
出題頻度 ■□□
Check 1 2 3

【オーストラリア：ヴィクトリア州】大陸南東部に広大な盆地を形成するマレー川とダーリング川流域は、国内最重要農業生産地。ヴィクトリアとニュー・サウス・ウェルズの州境となるマレー川流域に、マレー・ダーリング G.I. があります。隣接するスワン G.I. と併せ、両産地で国内栽培面積の 21%を占め、大規模ワイナリーに原料を供給しています。リヴァーナ、オレンジはいずれもニュー・サウス・ウェルズ州の、ピラニーズはヴィクトリア州北部の G.I.。

368 ❹

難易度 ■■□
出題頻度 ■□□
Check 1 2 3

【オーストラリア：ヴィクトリア州】ラザグレンは州内陸部の産地で、マスカットとミュスカデルから造る酒精強化ワインで有名。キング・ヴァレーも州内陸部にあり、国内最長河川であるマレー川の支流キング川流域に広がります。その南端のウィットランズ台地はオーストラリア・アルプスに到り、標高 800m。国内で最も高標高の産地のひとつです。ニュー・サウス・ウェルズ州のオレンジは、オーストラリア大分水嶺西部に位置し、幅広い品種を栽培。

369 ❸

難易度 ■■□
出題頻度 ■■□
Check 1 2 3

【オーストラリア：ニュー・サウス・ウェールズ州】オーストラリアに初めてぶどうが持ち込まれたのは、1788 年同州初代総督アーサー・フィリップがシドニーに植樹したものとされます。1825 年にはジェームズ・バズビーによりハンター・ヴァレーに本格的なぶどう園が設立され、後に彼はオーストラリアワインの父として称えられます。ヤン・ファン・リーベックは 1655 年に南アフリカに初めてぶどうを植樹。クラウス・ユングは 1997 年に白ワインが心臓病予防に効果があると報告した人物。

370 ❷

難易度 ■■□
出題頻度 ■□□
Check 1 2 3

【オーストラリア：タスマニア州】同州におけるぶどう栽培の歴史は 1823 年にたどれるものの、商業用規模のぶどう畑が拓かれたのは 1970 年代半ば。以前は大手生産者によるスパークリングワインの原料供給地でしたが、近年は冷涼気候を生かしたスティルワインが注目され、2011 年時点でピノ・ノワール（州全体の栽培面積比 44%）やシャルドネ（同 27%）、リースリング、ゲヴュルツトラミネールなどが評価されています。

371 ❹

難易度 ■■□
出題頻度 ■□□
Check 1 2 3

【オーストラリア：タスマニア州】ジュラシック・ドレライトはジュラ紀に形成された粗粒玄武岩で、タスマニアの広い範囲に分布しています。アルバリサはシェリー（スペイン）で見られる、石灰分を多く含有する白い土壌。ガレストロはキアンティ・クラッシコで見られる泥灰土が薄く何層にも堆積した土壌。スレート（粘板岩）は薄板状にはがれる性質から、瓦や塀などの建材で用いられます。モーゼル地方（ドイツ）のシーファー（ドイツ語で粘板岩）が有名です。

372 オーストラリアのタスマニア州で最も栽培面積の広いワイン用ぶどう品種を1つ選んででください。
❶ Chardonnay
❷ Pinot Gris
❸ Pinot Noir
❹ Merlot

373 次のニュージーランドワインに関する記述で正しいものを1つ選んでください。
❶ ソーヴィニヨン・ブランはワイン全輸出量の70%を占めている
❷ 80%のニュージーランドワインがスクリューキャップ栓を使用している
❸ ラベル表示について2007年のヴィンテージより85%ルールが適用された

374 ニュージーランドで最も収穫量の多いワイン用ぶどう品種を1つ選んでください。
❶ ピノ・ノワール
❷ シャルドネ
❸ ソーヴィニヨン・ブラン
❹ メルロ

375 ニュージーランド最大のワイン産地を1つ選んでください。
❶ Marlborough
❷ Auckland
❸ Hawkes Bay
❹ Gisborne

376 次の記述に該当するニュージーランドのワイン産地を1つ選んでください。

> 多くの生産地がより乾燥した東海岸に位置しているのに対し、南島北西部の端にあり、ぶどう成熟期間は湿気が多い。現在ではムテレ川上流部の渓谷や丘陵で特色あるシャルドネ、ソーヴィニヨン・ブラン、リースリングとピノ・ノワールが造られている。

❶ Wellington　　❷ Gisborne　　❸ Central Otago　　❹ Nelson

377 南緯45度に位置する世界最南端のワイン産地を1つ選んでください。
❶ Wairarapa
❷ Gisborne
❸ Canterbury
❹ Central Otago

372 ❸

難易度 ■■□
出題頻度 ■■□
Check 1 2 3

【オーストラリア：タスマニア州】タスマニアにおける品種別の栽培面積の順位は、①ピノ・ノワール（栽培面積比44%）②シャルドネ（同23%）③ソーヴィニヨン・ブラン（同12%）④ピノ・グリ（同11%）⑤リースリング（同5%）、と続きます。近年は島内で造るスティルワインやスパークリングが増えています。タスマニアのブドウ栽培は1823年に始まったとされ、ヴィクトリア州や西オーストラリア州（1834年）、南オーストラリア州（1837年）より古いと言われています。

373 ❸

難易度 ■■■
出題頻度 ■■□
Check 1 2 3

【ニュージーランド】2007年ヴィンテージより「85%ルール」が適用され、ラベル表示にあたって品種名、収穫年、産地名はいずれも使用率85%以上で掲げることが認められています。国内消費は横ばいで、全販売量のうち80%が輸出に充てられ、ソーヴィニヨン・ブランが全輸出量の86%を占めています。また、スクリューキャップが普及しており、2013年の時点でボトルワイン全出荷量の99%以上で採用されています。

374 ❸

難易度 ■■■
出題頻度 ■■■
Check 1 2 3

【ニュージーランド】かつては日常消費用ワインが細々と造られる程度でしたが、1973年マールボロ地区にソーヴィニヨン・ブランが植樹され、高品質の辛口ワインが誕生したことから、国際的な注目を集めるようになりました。現在、ぶどう生産量のうち、ソーヴィニヨン・ブランが72%（2017年実績、New Zealand Winegrowers資料）を占めており、ピノ・ノワール（7%）、シャルドネ（6.8%）、ピノ・グリ（5%）と続きます。寒冷気候であるため、他の新興国とは品種の構成が異なります。

375 ❶

難易度 ■■■
出題頻度 ■■□
Check 1 2 3

【ニュージーランド】ニュージーランドのワイン産地は南北2島に分かれており、南島のマールボロやセントラル・オタゴ、北島のホークス・ベイやギズボーンが有名です。最大産地はマールボロ（栽培面積比68%）に続き、②ホークス・ベイ（同13%）、③セントラル・オタゴ（同5%）、④国内最東端の栽培地であるギズボーン（同4%）、と続きます。マールボロの栽培面積の8割をソーヴィニヨン・ブランが占めています。

376 ❹

難易度 ■■■
出題頻度 ■■□
Check 1 2 3

【ニュージーランド】中緯度帯にあるニュージーランドでは、偏西風の吹く西海岸地域で多雨となります。そのため、ほとんどの産地はより雨が少なくて乾燥した東海岸地域に位置しています。マールボロの西側に位置し、比較的降雨量の多いネルソン地区は国内第6位の産地となります。ソーヴィニヨン・ブランやシャルドネ、ピノ・ノワールなどの品種が主に栽培されています。

377 ❹

難易度 ■■■
出題頻度 ■■■
Check 1 2 3

【ニュージーランド】セントラル・オタゴ地区はニュージーランドの最南端であるとともに、世界でも最南端の産地です。内陸部にあるため大陸性気候となり、国内では最も標高が高い産地でもあります。商業用にぶどうが栽培されたのは近年になってからで、冷涼気候に向いたピノ・ノワールやピノ・グリ、リースリング、ソーヴィニヨン・ブラン、ゲヴュルツトラミナーなどが栽培されています。

ワイン産地／ニューワールド

378

ワイララパに認められたサブリージョンの原産地名 G.I. を１つ選んでください。
❶ Kumeu
❷ Marlborough
❸ Martinborough
❹ Waipara Valley

379

Waipara Valley G.I. が属する産地を１つ選んでください。
❶ Central Otago
❷ Marlborough
❸ North Canterbury
❹ Waitaki Valley North Otago

Part4 南アフリカ

380

次の南アフリカのワインに関する記述の中から、正しいものを１つ選んでください。
❶ オリファンツ・リヴァー地方の栽培面積は南アフリカ最大である
❷ ケープドクターは春夏に吹く南東の風で、ブドウを腐敗やウドンコ病から守っている
❸ Cap Classique の表記は伝統的なコルク打栓方法を意味する
❹ 南アフリカのワインはアパルトヘイトが続き輸出が減少している

381

1918年に設立された南アフリカワイン醸造者協同組合連合の略称を１つ選んでください。
❶ VDP
❷ KWV
❸ VQA
❹ INAO

382

ピノタージュと関係の深い人物を１つ選んでください。
❶ アブラハム・ペロード
❷ ジャック・ピュイゼ
❸ セルジュ・ルノー
❹ ジャン・マルク・オルゴゴゾ

378 ❸

難易度 ■■□
出題頻度 ■■□
Check 1 2 3

【ニュージーランド】首都ウェリントンの東に広がる産地ワイララパは、北島の南端に位置しています。半海洋性気候に属しており、昼夜較差が大きい地域です。産地内にはマーティンボロー、グラッドストーン、マスタートンという3つのサブリージョン（小地区）が認められています。中でもマーティンボローはニュージーランドのピノ・ノワールは世界的に有名。クメウはオークランドの小地区。マールボロは南島北端の産地。ワイパラ・ヴァレーはカンタベリーの小地区。

379 ❸

難易度 ■■■
出題頻度 ■□□
Check 1 2 3

【ニュージーランド】州都クライストチャーチの北に位置するワイパラ・ヴァレーは、南島におけるピノ・ノワールの可能性を切り拓いた土地。カンタベリー G.I. に属していますが、その北部はノース・カンタベリー G.I. としても許可される予定。セントラル・オタゴは世界最南端の産地のひとつで、国内では唯一の大陸性気候。マールボロは南島北部に位置しており、国内最大の産地。ワイタキ・ヴァレーはオタゴの北部にある新しい産地で、カンタベリーとの境界に形成します。

380 ❷

難易度 ■■□
出題頻度 ■■□
Check 1 2 3

【南アフリカ】南アフリカ共和国のぶどう栽培地のほとんどは、海洋性気候に恵まれた西ケープ州にあり、国内栽培面積の9割を占めています。1991年にアパルトヘイト（人種隔離政策）が全廃され欧米からの投資が進み、小規模な高級ワイナリーが設立されたり、国際品種への転換が進み、国際的な評価が高まりました。キャップ・クラシックは瓶内二次発酵のスパークリングワインを表す同国独自の表記です。

381 ❷

難易度 ■□□
出題頻度 ■□□
Check 1 2 3

【南アフリカ】南アフリカワイン醸造者協同組合連合は 19 世紀半ば、英仏関係の修復により、南アフリカからイギリスへの輸出が困難となる中、産業育成のために設立されました（1997 年に民営化）。VDP は 1910 年に設立されたドイツ高級ワイン生産者連盟。VQA は 1988 年にカナダで設立された生産者品質同盟。INAO は 1935 年にフランスで設立された国立原産地・品質研究所。

382 ❶

難易度 ■■□
出題頻度 ■□□
Check 1 2 3

【南アフリカ】ピノタージュはステレンボッシュ大学のアブラハム・ペロード博士によって開発された、南アフリカ独自の交配品種です。ピノ・ノワールとサンソーを掛け合わせたもので、かつては同国の象徴的な品種として有名でした。近年は国際市場での競争力を高めるため、フランス系の国際品種の栽培が伸びており、黒ぶどうの栽培面積ではカベルネ・ソーヴィニヨンとシラーに逆転され、第3位となりました。白ぶどうの主要品種はシュナン・ブランで、国内では最大栽培面積を誇ります。

383

ケープ・サウス・コースト地域に属し、従来はりんごが多く栽培されていたものの、近年はピノ・ノワールやシャルドネ、ソーヴィニョン・ブランが評価されている地区を1つ選んでください。

❶ Elgin
❷ Robertson
❸ Tulbagh
❹ Walker Bay

384

南アフリカを春から夏にかけて南東から吹く、乾燥した強い風を1つ選んでください。

❶ ケープドクター
❷ ゾンダ
❸ ミストラル
❹ 貿易風

385

南アフリカで「ケープブレンド」と呼ばれるワインの特徴を1つ選んでください。

❶ カベルネ・ソーヴィニヨンとシラーをブレンドした赤ワイン
❷ ピノタージュを30～70%使用したワイン
❸ 混植されている多数の品種を混醸したワイン
❹ 瓶内二次発酵により造られたスパークリングワイン

386

南アフリカワインの発祥の地コンスタンシアが含まれる地区を1つ選んでください。

❶ Cape Town
❷ Paarl
❸ Stellenbosch
❹ Swartland

Part5 日本

387

日本のぶどう栽培地において北限の北海道名寄から、南限の沖縄県恩納村までの緯度の差を1つ選んでください。

❶ 約6度
❷ 約13度
❸ 約18度
❹ 約23度

383

難易度 ■■□
出題頻度 ■□□
Check 1 2 3

【南アフリカ】エルギンは海風と標高の影響による冷涼気候から、豊かな酸味と果実味を持つエレガントなワインが造られており、今後の躍進に注目が集まっています。隣接するウォーカー・ベイはホエール・ウォッチングで有名な地域で、シュナン・ブランやピノタージュ、ローヌ品種が栽培されています。ロバートソン（ブレード・リヴァー・ヴァレー地域）とティルバッハ（沿岸地域）は、多彩なワインを手掛け、近年はキャップクラシックで評価されています。

384

難易度 ■□□
出題頻度 ■□□
Check 1 2 3

【南アフリカ】南アフリカでは、ケープドクターと呼ばれる貿易風により、防虫剤や防カビ剤の使用量が抑えられます。ケープ植物区保護地域群は世界自然遺産にも登録されており、農業と自然との共栄が行われています。1998年には環境ガイドラインIPWが制定され、現在では栽培農家やワイナリーの95%以上が遵守しています。ゾンダはアンデス山脈からアルゼンチンに吹き下ろすフェーン風。ミストラルは冬に南仏へ吹き下ろす、北寄りの季節風。貿易風は赤道付近で東から吹く恒常風。

385

難易度 ■□□
出題頻度 ■□□
Check 1 2 3

【南アフリカ】南アフリカでは近年、ボルドーブレンドが主流となっているものの、象徴品種ピノタージュを30〜70%使用したケープブレンドもよく見られます。同じくシュナン・ブランを使用したものもケープブレンドと呼ばれます。カベルネ・ソーヴィニヨンとシラー（シラーズ）のブレンドは、オーストラリアでよく見られるブレンド。混醸（ゲミシュター・サッツ）はウィーンで注目されたブレンド。南アフリカでは瓶内二次発酵はキャップクラシックを掲げます。

386

難易度 ■■□
出題頻度 ■□□
Check 1 2 3

【南アフリカ】コンスタンシアは18世紀から19世紀にかけて、ナポレオンをはじめとするヨーロッパの貴族たちに愛されたデザートワインの産地として有名でした。従来のケープ・ペニンシュラ地区が廃止され、2017年に世界的に有名な都市名をWOに掲げました。パールは巨大企業KWVの本拠地。ステレンボッシュはケープタウンに次ぐ古い街で、ワイン産業の中心地。スワートランドは西ケープ州で最大の地区で、伝統的に重厚な赤ワインや酒精強化酒が造られてきました。

387

難易度 ■□□
出題頻度 ■□□
Check 1 2 3

【地理】国内北限となる北海道の名寄は北緯44.1度、南限となる沖縄の恩納村は同26.3度に位置しています。フランスのワイン産地における北限のシャンパーニュ（北緯51度）から南限のコルシカ島（同42度）までの緯度の差は約9度です。日本のぶどう産地は南北に離れているため、産地間での気候が大きく異なります。また、降水量が多いため、ぶどう園が拓かれてきたのは盆地が多いものの、標高900mの山間部や海岸沿いなどにも広がります。

ワイン産地／ニューワールド

388
山梨県の中でワイナリーが一番多い地区を1つ選んでください。
❶ 一宮地区
❷ 酒折地区
❸ 勝沼地区
❹ 石和地区

389
山梨県の栽培地の中で、冷涼な気候を求めて標高の高いところに畑を移し、
欧州系品種を栽培する動きがある市を1つ選んでください。
❶ 北杜市
❷ 笛吹市
❸ 甲府市
❹ 甲州市

390
長野県塩尻市において内陸盆地で雨量も少なく乾燥している土地柄であり、
良質なぶどうが得られる場所を1つ選んでください。
❶ 桔梗ヶ原
❷ 城の平
❸ 善光寺平
❹ 塩山

391
日本のワイン産地で主に寒河江周辺や上山・赤湯周辺などでぶどう栽培をし
ている都道府県を1つ選んでください。
❶ 山梨県
❷ 山形県
❸ 長野県
❹ 北海道

392
欧州系品種の栽培面積が最大の都道府県を1つ選んでください。
❶ 山梨県
❷ 長野県
❸ 北海道
❹ 山形県

393
長野県で2010年にワイン特区として認定された市を1つ選んでください。
❶ 北杜市
❷ 甲州市
❸ 東御市
❹ 上山市

388

難易度 ■■□
出題頻度 ■■□
Check 1 2 3

【地理】山梨県で実質的に稼動しているワイナリーは82軒ほど。その中でも勝沼町（甲州市）は最多で、祝地区（岩崎地区）は甲州ぶどう栽培発祥の地とも言われます。大手のシャトー・メルシャンやサッポロビール（グランポレール）、マンズワインのワイナリーが揃います。また、中小でも勝沼醸造や丸藤葡萄酒工業（ルバイヤート）、中央葡萄酒（グレイスワイン）などが集まります。その他、県内他地区にはサントリーの登美の丘ワイナリー（甲斐市）やルミエール（笛吹市）などがあります。

389

難易度 ■■□
出題頻度 ■□□
Check 1 2 3

【地理】山梨県は日本ワイン生産量の33%を占めています。栽培地としては勝沼町（現甲州市の一部）など甲府盆地の東部が寒暖差が大きく、むかしから中心となっていました。近年はシャルドネやカベルネ・ソーヴィニヨンなどの欧州品種を栽培しようという動きがあり、県北西部の北杜市（明野町、小淵沢町、須玉町、高根町、白州町）や韮崎市（穂坂町、上ノ山）といった、茅ヶ岳の裾野から八ヶ岳山麓へと続く地域にも、ぶどう栽培地が広がっています。

390

難易度 ■■□
出題頻度 ■■□
Check 1 2 3

【地理】長野県には盆地が多く、その辺縁部でぶどう栽培が行われてきました。近年は長野県がワインバレー構想を立ち上げ、県内に「千曲川」「日本アルプス」「桔梗ヶ原」「天竜川」を認定しました。中でも松本盆地の南縁にあたる塩尻は、1890年からナイアガラなどの北米品種を栽培してきた長い歴史があります。1980年代以降はメルシャンが旗振り役となり、桔梗ヶ原でメルロの植樹が広がり、国内随一のメルロの栽培地として国際的にも評価されています。

391

難易度 ■■□
出題頻度 ■■□
Check 1 2 3

【地理】都道府県別ぶどうのワイナリー受入量において、山形県は第4位です。中でも栽培面積全国1位と推定されるデラウェアは、県内での醸造量においても27.9%を占めます。ほかにマスカット・ベーリーA（16.2%、国内醸造量は山梨に次ぐ2位）、ナイアガラ（15.3%）が主要品種として知られているものの、近年はシャルドネやメルロも増えています。主な栽培地は、上山市（村山地方）、南陽市、高畠町（ともに置賜地方）、西荒屋地区（庄内地方）。

392

難易度 ■■□
出題頻度 ■□□
Check 1 2 3

【地理】北海道は欧州系品種の栽培面積では国内最大を誇ります。栽培地は後志地方の余市町、空知地方の浦臼町、上川地方の富良野市などに広がっています。近年は新たなぶどう園やワイナリーが設立されており、最も躍進が著しい地域です。ワインとして仕込まれている量としては北米系のナイアガラが最も多く、キャンベル・アーリーが続きます。欧州系品種もケルナーやミュラー・トゥルガウ、バッカスなどのドイツ系を中心に栽培され、国内の醸造量の大半を占めます。

393

難易度 ■□□
出題頻度 ■■□
Check 1 2 3

【地理】いわゆる「ワイン特区」制度とは、構造改革特別区域法（2003年施行）に基づき、酒造法の一部を緩和して、特区内の果樹農家が小規模でもワインの生産ができるようにした制度です。2008年に長野県が東御市をに認定したのを皮切りに、高山村（2011年）、坂城村（2013年）、山形村（2014年）、塩尻市（同）と続きます。また、この動きが各地に広まっており、北海道の余市町やニセコ町、山梨県の北杜市や韮崎市などが認定されています。

ワイン産地／ニューワールド

394
2013年に国税庁がワインの産地名として初めて指定した都道府県を1つ選んでください。
❶ 山形県
❷ 長野県
❸ 山梨県
❹ 北海道

395
「日本ワイン」と表ラベルに記載する場合の表示ルールにおいて、1種類のブドウ品種を表示するには最低何パーセントそのぶどうを使用する必要があるか、1つ選んでください。
❶ 75%
❷ 85%
❸ 90%
❹ 100%

396
日本の酒税法（2017年現在）では、果実等を原料として発酵させた酒類は果実酒としているが、果実酒にならないものを1つ選んでください。
❶ 果実（果汁を含む）または果実及び水を原料とし、発酵させ色素を加えた酒類
❷ ブドウ果汁に、果汁が含有する糖分を超えない範囲で、砂糖を補糖し発酵させたアルコール分12度の酒類
❸ ブドウ果汁に、果汁が含有する糖分を超えない範囲で、果糖を補糖し発酵させたアルコール分12度の酒類
❹ ブドウ果汁に、果汁が含有する糖分を超えない範囲で、ブドウ糖を補糖し発酵させたアルコール分13度の酒類

397
「雨宮勘解由説」と並んで伝わる甲州ぶどうの来歴としてふさわしいものを1つ選んでください。
❶ 大善寺説
❷ 川上善兵衛説
❸ 山田宥教説
❹ 祝村説

398
日本でマスカット・ベーリーAを創出した人物を1人選んでください。
❶ 土屋竜憲
❷ 川上善兵衛
❸ 雨宮勘解由
❹ 高野正誠

394 ❸

難易度 ■□□
出題頻度 ■■□
Check 1 2 3

【法律】2013年7月に国税庁長官が「山梨」をワインの産地名として初めて指定しました。その条件として、県内産ぶどうを原料とし、県内で発酵かつ容器に詰めたものとあります。原料品種は甲州やヴィニフェラ種、マスカット・ベーリーA、ブラック・クイーン、ベリー・アリカントA、甲斐ノワール、甲斐ブラン、サンセミヨンおよびデラウェアに限られます。品種名を掲げる場合、甲州は100%に限られ、他は75%以上となります。

395 ❷

難易度 ■■■
出題頻度 ■■□
Check 1 2 3

【法律】従来の「国産ワイン」は輸入原料を使うことができたものの、「日本ワイン」は国産ぶどうのみで造られます。「日本ワイン」では、単一品種や収穫年を表記するには、それらを85%以上含むことが定められています。また、産地名や収穫地を表記するにも、域内のものを85%以上含むことが定められています。ただし、産地名を掲げるには醸造地が産地内になくてはなりません。

396 ❶

難易度 ■■■
出題頻度 ■□□
Check 1 2 3

【法律】選択肢1の誤りは「色素を加えた」というところ。正しくは「果実（果汁を含む）または果実及び水あるいはこれらに糖分を加え発酵させたもの」になります。ただし、補糖した場合、アルコール度数15度未満。補糖に許される糖類は砂糖、ブドウ糖、果糖に限る、などの規制があります。果実酒および甘味果実酒の定義は数値や原料名までを把握しておくことが求められます。

397 ❶

難易度 ■■□
出題頻度 ■□□
Check 1 2 3

【歴史】甲州種には2つの起源が言い伝えられています。ひとつは鎌倉時代に上岩崎に住む雨宮勘解由（あめみやかげゆ）が道端のつる草を持ち帰って育てたというもの（1186年）。もうひとつは奈良時代に高僧の行基（ぎょうき）が大善寺を建立（718年）した際に見つけたというもの。祝村は明治時代にあった村で、藤井村や上岩崎村、下岩崎村が合併してできました。現在の甲州市南西部にあたります。

398 ❷

難易度 ■■□
出題頻度 ■□□
Check 1 2 3

【歴史】日本ワインの揺籃期における重要人物としては、1874年（明治7年）に甲府にて本格的ワインを初めて生産した山田宥教（やまだひろのり）と詫間憲久（たくまのりひさ）、1877年（明治10年）にフランスに派遣されて醸造を学んだ高野正誠（たかのまさなり）と土屋竜憲（つちやたつのり）がいます。川上善兵衛は新潟に岩の原葡萄園を開き、マスカット・ベーリーA（ベーリー×マスカット・ハンブルグ）やブラック・クイーン（ベーリー×ゴールデン・クイーン）などの交配に成功しました。

ワイン産地／ニューワールド

399
現在の勝沼にあたる祝村に、初めて民間のワイナリーが設立された年を1つ
選んでください。
❶ 1874 年
❷ 1877 年
❸ 1890 年
❹ 1926 年

400
2015 年度成人 1 人あたりの都道府県別果実酒消費量において最も果実酒の
消費量の多い都道府県を 1 つ選んでください。
❶ 北海道
❷ 東京都
❸ 山梨県
❹ 愛知県

401
2010 年に O.I.V.（国際ぶどう・ぶどう酒機構）のリストに品種として掲載が
認められたぶどう品種を 1 つ選んでください。
❶ 甲州
❷ マスカット・ベーリー A
❸ ナイアガラ
❹ デラウェア

402
日本において最も仕込み量が多い赤ワイン用ぶどう品種を1つ選んでください。
❶ カベルネ・ソーヴィニヨン
❷ メルロ
❸ マスカット・ベーリー A
❹ ヤマ・ソーヴィニヨン

403
甲州ぶどうの果皮の特徴として正しいものを 1 つ選んでください。
❶ 淡い黄緑色
❷ レモンイエロー
❸ やや薄い藤紫色
❹ 濃い紫色

404
日本ワインに関する記述で誤りのあるものを 1 つ選んでください。
❶ 国内のワイナリー数は 2018 年 3 月現在で 300 軒を超えている
❷ 中小規模の事業者は全体の 2 割ほどである
❸ 日本ワインのうち、自社農園で栽培されたブドウは生産数量の 1 割ほど
❹ 都道府県別の生産量は、①山梨 ②長野 ③北海道 ④山形 ⑤岩手 ⑥新潟、
と続く

解答と解説● Answer

399 ❷
難易度 ■■□
出題頻度 ■□□
Check ①②③

【歴史】1877年、日本で初めて民間で設立されたワイナリーが大日本山梨葡萄酒会社（通称、祝村葡萄酒醸造会社）です。当時は甘味葡萄酒が好まれていたことに加え、不況により1886年に解散。発起人でもあった宮﨑光太郎が甲斐葡萄商店として事業を継承し（1934年に大黒葡萄酒に改組）、現在のメルシャンの基礎を築きました。その宮﨑第二醸造所は現在もシャトー・メルシャン資料館として当時の様子を伝えています。

400 ❷
難易度 ■■□
出題頻度 ■■□
Check ①②③

【統計】2015年度の成人1人あたりの果実酒の平均消費量は3.6ℓまで増加しています（国税庁 酒のしおり）。都道府県別では以前は山梨県が首位でしたが、2015年に東京（9.8ℓ）が抜きました。この2都県のみが突出しており、京都、神奈川、大阪、北海道が平均を超える程度で続くにとどまっています。

401 ❶
難易度 ■■□
出題頻度 ■■□
Check ①②③

【品種】EUにワインを輸出する際、O.I.V.が品種リストに掲載したものでないと、品種名の表記ができません。山梨県の働きかけでO.I.V.への甲州種の登録申請をし、2010年に品種として掲載されました。これにより海外市場での認知度が向上し、需要拡大に結び付きました。また、2013年にはベーリー（北米系）とマスカット・ハンブルグの交雑種マスカット・ベーリーAが掲載されました。

402 ❸
難易度 ■■□
出題頻度 ■□□
Check ①②③

【品種】日本では生食用ぶどうの栽培が盛んで、生産量1位の巨峰と2位のデラウェアで国内生産量の半分を占めています。湿潤気候に適応するため、醸造用でもヴィティス・ラブルスカなどの北米種、あるいは北米種と中東・欧州種の交配品種が広く栽培されてきました。醸造用としては東洋系欧州種の甲州が最も多く栽培されています。これに北米種と欧州種の交雑品種で黒ぶどうのマスカット・ベーリーA、北米種の交配品種で白ぶどうのナイアガラが続きます。

403 ❸
難易度 ■□□
出題頻度 ■■□
Check ①②③

【品種】甲州は藤色または明るいえび茶色をしており、「グリ（灰色）ぶどう」と呼ばれます。房が中くらいでやや長く、果粒は中くらい。酸味や果実味が控えめで、果皮に色素があるため、果皮からの成分を多く抽出すると、特有のえぐみが出るとされました。控えめな風味やえぐみを隠すため、従来は甘口に仕上げられてきました。近年はボルドー大学教授だった故・ドニ・デュブルデューの指導により、辛口でも著しく品質向上し、現在では辛口が主流になっています。

404 ❷
難易度 ■■□
出題頻度 ■□□
Check ①②③

【栽培・醸造】国税庁によると2018年3月現在、国内のワイナリー数は303場（285社）を数え、1年間で30場が増えました。そのほとんどを中小規模の事業者（回答数の96.8%）が占めているものの、生産量では大手7社が34.5%のシェアを持っています。国内製造の約8割は輸入原料に依存しており、自社農園で栽培されたブドウによる生産数量は1割ほど。都道府県別の生産量は、上位5道県で6割を占めています。

Part5 日本

405

主に生食用で使われることが多かった仕立て法で、近年は一文字短梢などの改良が加えられて注目されているものを選んでください。

❶ 垣根仕立て
❷ 棒仕立て
❸ 株仕立て
❹ 棚仕立て

Part6 アジア、中東

406

中国のワイン生産地の中で、最も生産量が大きいものを以下の中から1つ選んでください。

❶ 雲南省
❷ 山東省
❸ 新疆ウイグル自治区
❹ 寧夏回族自治区

407

中国で初めて設立されたワイナリーを以下の中から1つ選んでください。

❶ 王朝葡萄醸酒公司
❷ 中国長城酒有限公司
❸ 張裕葡萄醸酒公司
❹ 敖云葡萄酒

408

ベトナムの避暑地であり、近年はワインでも注目されている産地を1つ選んでください。

❶ カオヤイ
❷ ダラット
❸ ムンバイ

409

インド最大のワイン産地を1つ選んでください。

❶ Bangalorc Region
❷ Himachal Region
❸ Nasik Region
❹ Sangli Region

405

難易度 ■■■
出題頻度 ■□□
Check ①②③

【栽培】温暖で高湿度の気候条件のもと、日本では主に生食用を育てることを目的に棚仕立てが普及してきました。梢を芽5〜15個まで伸ばす長梢、梢を芽2〜4個で切り落とす短梢があります。伝統的には長梢で仕立てたものの、密植を行って品質向上を図るため、近年は短梢での仕立てが広まっており、シャルドネやメルロでも採用されています。梢の這わせ方で、一文字に伸ばす一文字短梢、水平方向に左右2列で伸ばすH字短梢などがあります。

406

難易度 ■□□
出題頻度 ■■□
Check ①②③

【中国】山東省はぶどうの国内生産量の33.8％を担っており、とくに煙台市は国内ワイン生産量の40％を占めています(2018年)。1987年にO.I.V.からアジアで唯一の「国際ブドウ・ワイン都市」の認定を受けたことから、中国政府は1989年にワインの品質管理を行う国家葡萄酒品質監督検査中心を設立しました。雲南省は世界で最も標高の高い栽培地と言われています。新疆はワインづくりでは中国で最も長い歴史を誇る産地。寧夏は「中国のナパ・ヴァレー」と呼ばれ、シャンドン社なども進出しています。

407

難易度 ■□□
出題頻度 ■■□
Check ①②③

【中国】チャンユー（張裕）は1892年に外交官の張弼士（ちょうぴし）が山東省煙台（えんたい）市に中国初の大規模なワイナリーとして設立。欧米から120種以上の品種を輸入し、中国ワインの牽引車となりました。現在は8軒のワイナリーを運営する国内最大の企業グループとなっています。河北省のグレート・ウォール（長城）と天津市のダイナスティ（王朝）も中国の代表銘柄。アオユン（敖云）はLVMHが雲南省に設立したワイナリーで、標高2200〜2600mの畑は世界最高地と言われます。

408

難易度 ■□□
出題頻度 ■■□
Check ①②③

【ベトナム】低緯度帯は熱帯気候のため、ぶどう栽培は困難とされてきました。近年は高地での栽培により、これらの地域でも成功を収めるところが出てきました。温暖化によりオランダやデンマーク、ポーランドなどの高緯度帯も注目されており、これらをあわせて新緯度帯ワインと呼びます。ダラットはベトナム中部の高原リゾート。カオヤイはタイ初の国立公園であり、世界自然遺産にも登録された高原リゾート。ムンバイはインド中西部の都市。

409

難易度 ■■□
出題頻度 ■■□
Check ①②③

【インド】インド亜大陸は、西縁の西ガーツ山脈により熱帯モンスーン気候が遮られ、中央部のデカン高原は降雨がきわめて少なくなります。中西部の都市ムンバイの北東に位置するナーシク（マハーラーシュトラ州）は山脈東麓にあり、インドで最もぶどう栽培が盛んな地域。シャトー・インディージやスーラ・ヴィンヤードといった国内屈指の生産者があり、2014年にはシャンドン社も進出しています。このほかの産地にはサングリ(同)や南部のバンガロール(カルナータカ州)、北部のヒマカルなどがあります。

ワイン産地／ニューワールド

410
O.I.V. の統計で 2017 年の国別ぶどう栽培面積が 5 位の国を 1 つ選んでください。
❶ アメリカ
❷ イタリア
❸ トルコ
❹ 中国

411
ユダヤ教徒が食べてもよいとされる食品を表す言葉を 1 つ選んでください。
❶ オーガニック
❷ コーシャ
❸ ハラール
❹ ヴィーガン

412
イスラエルで伝統的かつ最大のワイン産地を 1 つ選んでください。
❶ Galilee
❷ Golan Heights
❸ Judean Hills
❹ Shomron

413
地中海世界に交易によってワインを広めたフェニキアは、現在のどの地域に
あたるかを 1 つ選んでください。
❶ エジプト
❷ ギリシャ
❸ トルコ
❹ レバノン

410 ❸

難易度 ■□□
出題頻度 ■□□
Check ① ② ③

【トルコ】O.I.V. の統計では国別ぶどう栽培面積上位は、①スペイン（13%）②中国（11%）③フランス（10%）④イタリア（9%）⑤トルコ（7%）、と続き、上位5カ国で世界栽培面積の5割を占めます。イスラム世界に属するトルコでは、生食用とドライフルーツ用がほとんどで、醸造用は収穫高の2%。今後の動向が注目されています。現在のワイン産地としては、ヨーロッパとアジアの結節部となるマルマラ地方、アナトリア半島（アジア大陸側）のエーゲ海沿岸にあるイズミルなどがあります。

411 ❷

難易度 ■□□
出題頻度 ■□□
Check ① ② ③

【イスラエル】オーガニックは化学肥料や農薬を使用しない農作物、あるいは添加物を入れていない食品を表す言葉。コーシャは旧約聖書の戒律に基づいた食品で、宗教指導者（ラビ）が原材料や製造工程を直に確認して認証する制度で、コーシャワインも生産されています。ハラールはイスラム法で許されている食材や料理。ヴィーガンは完全菜食主義者で、卵や牛乳、チーズなどの酪農製品も含め、動物から搾取したものを摂取しないという考え方。いずれも倫理的な食品(Ethical Food)として近年注目されています。

412 ❹

難易度 ■□□
出題頻度 ■□□
Check ① ② ③

【イスラエル】ショムロンは1880年代にロスチャイルド家により開拓された伝統産地で、国内最大規模を誇るカーメル社があります。ガリラヤ（ガリリー）はイスラエル北部に位置しており、ゴラン高原とともに国内最良の産地と考えられています。ゴラン高原は雪に覆われるヘルモン山からの冷風により冷涼気候で知られ、イスラエル躍進の象徴ともされるヤルデンを手掛けるゴラン・ハイツ・ワイナリーがあります。ジュディアン・ヒルズはエルサレム近郊の高原で、近年開発が進んでいます。

413 ❹

難易度 ■□□
出題頻度 ■□□
Check ① ② ③

【レバノン】フェニキアは地中海東岸の歴史的地名で、現在のレバノンにあたります。その内陸部ベッカー高原（Bekaa Valley）は、レバノン山脈とアンチレバノン山脈に挟まれた地域で、山脈に降る雪により豊富な地下水が得られ、中東にありながらも豊かな農業地帯でした。フランス委任統治時代にシャトー・ミュザールが設立（1930年）されたものの、内戦と戦争により久しく産業は停滞し、近年になって開発が進みました。現在、レバノンではボルドーやローヌの品種が広く栽培されています。

ワイン産地／ニューワールド

Chapter 5

Part1 料理概論

414
一般的にワインと料理の組み合わせの留意点として、味わいが強く余韻の長い料理に合わせるワインを1つ選んでください。
❶ 爽快なワイン
❷ 重厚なワイン
❸ フルーティなワイン

415
料理を格によって「家庭料理」「地方色のある伝統料理」「創造性と芸術性の高い料理」に分類したフランスの作家を1人選んでください。
❶ ブリア・サヴァラン
❷ キュルノンスキー
❸ フランソワ・ルネ・ド・シャトーブリアン
❹ マルキ・ド・サド

Part2 各国料理

416
お客様から「牛フィレ肉のポワレ ソース・ペリグルディーヌを注文したので、ワインを選んでください。値段は問いません」と要望があった場合、次のワインの中からお薦めするものを1つ選んでください。
❶ Graves Supérieures 1999　　❷ Château-Grillet 1992
❸ Château L'Evangil 1990　　❹ Châtillon-en-Diois Rouge 1999
❺ Château La Tour Blanche 1988

417
一般的に Cornas に合わせて鹿肉を食べる場合、最も相性が良いとされるソースを1つ選んでください。
❶ Sauce Provençale
❷ Sauce Béchamel
❸ Sauce Béarnaise
❹ Sauce Poivrade

ワインと料理

以前はフランスやイタリアの専門性の高い料理に関する出題が多く見られました。近年は出題数が減り、和訳が付けられるなど難易度も抑えられています。また、チーズは両国に加え、スペインも出題されるようになり、学習範囲を広げる必要があります。

414 ❷

難易度 ■■□
出題頻度 ■□□
Check 1 2 3

【概論】組み合わせの留意点としては、①料理の味わいの濃度に合わせる②地方料理にはその地方のワイン ③料理とワインの品格を考慮する、などがあります。軽い料理には爽やかで軽快なワインを合わせ、味わいが強く余韻の長い料理には重厚なワインを合わせます。また、ワインを使った料理では、それと同じか、同系の格上ワインが合わせやすくなります。料理は主食材と調理法や味付けとともに、ガルニチュール（付け合わせ）で構成され、それらとワインをどのように合わせるかを考慮します。

415 ❷

難易度 ■■□
出題頻度 ■■□
Check 1 2 3

【概論】モリス＝エドモン・サイヤン（1872 ～ 1956 年）は有名な筆名キュルノンスキーで知られる著述家。20 世紀初めフランス各地の美食について新聞各紙に寄稿。地方料理の再発見を提唱して『美食の国フランス』を著し、「美食家の王子」と呼ばれました。ブリア・サヴァランは 18 世紀から 19 世紀にかけての法律家。『美味礼賛』を著した美食家でもあり、チーズの名前にもなっています。シャトーブリアンは同じ時代の著述家・政治家で、最高級ステーキに名を残しています。

416 ❸

難易度 ■■■
出題頻度 ■■□
Check 1 2 3

【フランス】ソース・ペリグルディーヌはマデイラ酒とトリュフを使ったソース・ペリグーに、フォアグラのピュレを加えたもので、濃厚でやわらかな風味が特徴です。出題事例では牛フィレ肉のポワレと組み合わせて、頻繁に出題されています。タンニンが柔和で、土の香りのする赤ワイン（サン・テミリオンやポムロールなど）を合わせます。

417 ❹

難易度 ■■■
出題頻度 ■■□
Check 1 2 3

【フランス】高級食材のジビエ（野鳥獣）は高級な赤ワインを合わせます。「羽のジビエ」と呼ぶ野鳥はブルゴーニュ、「四足のジビエ」と呼ぶ野獣はローヌが基本。ソース・ポワブラードはジビエの出汁に胡椒を効かせた定番ソース。ソース・プロヴァンサルはトマト、にんにく、オリーブオイルを用いたもの。ソース・ベシャメルは小麦粉とバター、牛乳で作り、他のソースのベースで多用します。ソース・ベアルネーズは伝統的なステーキ・ソースで、澄ましバターと香草、卵黄、酢を煮詰めて作ります。

ワインと料理

418
ボルドー地方のポイヤック村で A.O.P. を認められている特産物を1つ選んでください。
❶ Agneau de Lait
❷ Agneau de Sistron
❸ Foie Gras
❹ Huître

419
フランスの地方料理ハムとパセリのゼリー寄せ（Jambon Persillé）と最も相性が良いとされるワインを地方性を考慮し、適切なものを1つ選んでください。
❶ Pauillac
❷ Mâcon Blanc
❸ Muscadet
❹ Vin de Provence Blanc

420
プイイ・フュイッセに合わせる料理を地方性も考慮し、適切なものを1つ選んでください。
❶ Boeuf Bourguignon（ブッフ・ブルギニヨン）
❷ Coq au Vin（コック・オ・ヴァン）
❸ Oeuf en Meurette（ウフ・アン・ムーレット）
❹ Quenelle de Brochet（クネル・ド・ブロシェ）

421
フランスの地方料理 Brochet au Beurre Nantais と最も相性が良いとされるワインを地方性も考慮し、適切なものを1つ選んでください。
❶ Muscadet
❷ Vin Jaune
❸ Sylvarner
❹ Chablis

422
海辺のレストランで大学卒業記念の貸しきりパーティをしようとプロヴァンスのワインを用意しました。次の中からプロヴァンスワインと楽しむのにふさわしい料理を2つ選んでください。
❶ 川カマスのクネル ソース・ナンチュア
❷ キャヴィア・オシェトラ レモン添え
❸ ブイヤベース
❹ うなぎのマトロット
❺ かさごのロースト ラタトゥイユ添え
❻ シュークルート

418 **❶**

難易度 ■■□
出題頻度 ■□□
Check 1 2 3

【フランス】ワインと同じようにさまざまな産品に原産地呼称保護（A.O.P.）が認められています。乳飲み仔羊（Agneau de Lait）はポイヤック村がフランスで最も有名。他にノルマンディでは海岸で肥育されるアニョー・ド・プレ・サレ（Agneau de Pré-Salé）が認められています。フォワグラはアルザスと南西地方が二大産地として有名です。カキ（Huître）はボルドー近郊のアルカッションが国内生産量の7割を占めています。プロヴァンス地方の仔羊（Agneau de Sistron）もEUのI.G.P.が認められています。

419 **❷**

難易度 ■■□
出題頻度 ■■□
Check 1 2 3

【フランス】ハムとパセリのゼリー寄せは角切りしたハムをパセリとともに、ゼラチン（仔牛のすねの煮汁）で固めた料理です。手軽な惣菜として広く親しまれていますが、元々はブルゴーニュ地方南部の地方料理です。相性の良いワインとして、気軽なワインであればどれでも良いとも言えますが、ご当地ではマコンの白ワインやボージョレの赤ワインを合わせるのがオススメとされています。この設問では地方性を重視して解答します。

420 **❹**

難易度 ■■□
出題頻度 ■□□
Check 1 2 3

【フランス】ブルゴーニュの地方料理とワインの組み合わせに関する設問です。ブッフ・ブルギニョン（牛肉の赤ワイン煮）やコック・オ・ヴァン（雄鶏の赤ワイン煮）はコート・ドールの赤ワイン、ウフ・アン・ムーレット（赤ワイン仕立てのポーチド・エッグ）は軽めの赤ワインに合わせます。クネル・ド・ブロシェ（川カマスのすり身団子）は辛口白ワインに合わせます。有名なエスカルゴ・ア・ラ・ブルギニョンヌ（Escargots à la Bourguignonne）はシャブリなどの辛口白ワインに合わせます。

421 **❶**

難易度 ■■□
出題頻度 ■■□
Check 1 2 3

【フランス】ブロシェ・オ・ブール・ナンテは川カマスのブイヨン煮 ナント風という魚料理です。ブイヨンで煮た魚に、エシャロットとワインビネガーを合わせたバターのソースを絡めます。川カマスの他にも、マスなどの白身魚によく使われる調理法です。相性の良いワインとして、辛口の白ワインであればどれでも良いとも言えます。この設問ではロワール川流域の地方料理ということで、郷土性を考慮して解答します。

422 **❸**
❺

難易度 ■■■
出題頻度 ■■■
Check 1 2 3

【フランス】複数の料理を1つのワインに合わせる問題の応用です。プロヴァンス地方の郷土料理はTapenade（タプナード／アンチョビやオリーブのペースト）、Salade Niçoise（ニース風サラダ）、Ratatouille（野菜のトマト煮）、Gigot d'Agneau Rôti（仔羊モモ肉のロースト）、Bouillabaisse（ブイヤベース）が有名です。④はロワール地方、⑥はアルザス地方の郷土料理です。ラタトゥイユはナスやズッキーニ、ピーマンなどの夏野菜をニンニクとオリーブオイルで炒め、香草を加えてトマトとワインで煮込んだ料理です。プロヴァンスの地方料理として有名です。相性の良いワインとして、気軽な白ワインやロゼワインであれば、どれでも良いとも言えます。この設問では地方性を重視して解答します。

ワインと料理

423

次のフランスの地方料理の中から、アルザス地方の肉料理を1つ選んでください。
❶ Quiche Lorraine（キッシュ・ロレーヌ）
❷ Kouglof（クグロフ）
❸ Baeckeoffe（ベッケオフ）
❹ Andouillette（アンドゥイエット）

424

フランスの地方料理 Salmis de Palombe と最も相性が良いとされるワインを地方性も考慮し、適切なものを1つ選んでください。
❶ Chambolle-Musigny
❷ Pomerol
❸ Chinon Rouge
❹ Madiran

425

Cassoulet（カスレ／肉と白インゲン豆の土鍋煮込み）はフランスの地方料理ですが、次の中から該当する地方名を1つ選んでください。
❶ Bordeaux
❷ Bourgogne
❸ Jura
❹ Languedoc

426

イタリアの地方料理タヤリンの白トリュフがけと最も相性が良いとされるワインを地方性も考慮し、適切なものを1つ選んでください。
❶ Brunello di Montalcino
❷ Frascati Secco
❸ Bardolino Chiaretto
❹ Barbaresco

427

バローロに合わせる肉料理を地方性も考慮し、適切なものを1つ選んでください。
❶ Bagna Cauda（バーニャ・カウダ）
❷ Brasato（ブラサート）
❸ Gnocchi al Pomodoro（ニョッキ・アル・ポモドーロ）
❹ Tajarin con Tartufo Bianco（タヤリン・コン・タルトゥーフォ・ビアンコ）

428

イタリア D.O.C.G. Gavi に最も相性が良いとされる同じ地方の料理を1つ選んでください。
❶ Pollo alla Romana（ローマ風鶏肉と野菜の煮込み）
❷ Bagna Cauda（バーニャ・カウダ）
❸ Baccalà alla Vicentina（干しダラのヴィチェンツァ風）
❹ Trippa alla Marchigiana

423

難易度 ■■□
出題頻度 ■□□
Check ①②③

【フランス】アルザスは「美食の地方」として知られており、地方料理も有名なものが数多くあります。代表的なものとして、キッシュ・ロレーヌ（卵とクリームのパイ料理）、クグロフ（ブリオッシュ生地にレーズンを混ぜ込んだお菓子）、ベッケオフあるいはベッコフ（肉類と野菜類に白ワインを加えて蒸し煮にした料理）、シュークルート（豚肉やハム、野菜を塩漬けキャベツとともに蒸し煮にした料理）、フォワグラがあります。アンドゥイエット（豚の内臓で作ったソーセージ）はロワールの地方料理です。

424

難易度 ■■□
出題頻度 ■□□
Check ①②③

【フランス】サルミ・ド・パロンブ（森鳩のサルミ・ソース）は、ローストした森鳩をソースの中で再加熱します。ソースは肉汁にワインや肝臓などを加えるため、濃厚で強い風味の料理になります。相性の良いワインとしては、濃厚でタンニンの強い、しっかりとした赤ワインがオススメです。南西地方の伝統料理となりますので、地方性を重視して解答します。

425

難易度 ■■□
出題頻度 ■■□
Check ①②③

【フランス】カスレは肉類と白インゲン豆を土鍋で長時間をかけて煮込んだ料理です。ラングドックの広い地域で親しまれている地方料理で、一般的には豚肉や羊肉、ガチョウ肉、ソーセージなどが使われますが、地域によりフォワグラやガチョウのコンフィが加わったりします。濃厚で脂が強い味わいなので、合わせるワインも濃厚でタンニンの強い、しっかりとした赤ワインがオススメです。

426

難易度 ■■□
出題頻度 ■■□
Check ①②③

【イタリア】ピエモンテ州は「食材の宝庫」として有名で、いくつもの特産品があります。中でもピエモンテの白トリュフは、フランスのペリゴール産の黒トリュフとともに珍重されています。バターとの相性が良く、設問にあるタヤリン（細めの手打ち麺）にバターを絡め、薄くスライスした白トリュフをまぶして食します。また、卵との相性も良く、スクランブル・エッグに混ぜたり、半熟卵にまぶしたりして食します。

427

難易度 ■■□
出題頻度 ■□□
Check ①②③

【イタリア】バローロと相性の良い料理としてはブラザート・アル・バローロ（Brasato al Barolo／牛肉のバローロ煮）、レープレ・イン・シヴェ（野ウサギの煮込み 血入りソース）、タヤリン・コン・タルトゥーフォ・ビアンコ（細めの手打ちパスタの白トリュフがけ）などがあります。ニョッキ・アル・ポモドーロ（ニョッキ トマトソース）もピエモンテ州の地方料理で、ドルチェットなどの軽めの赤ワイン、バーニャ・カウダはガヴィなどの軽い白ワインに合わせます。

428

難易度 ■■□
出題頻度 ■■□
Check ①②③

【イタリア：ピエモンテ】ポッロ・アッラ・ロマーナはピーマンとトマトで鶏肉を煮込んだ料理で、フラスカーティの辛口と合わせます。バーニャ・カウダはピエモンテの地方料理で、アンチョビの塩加減が野菜の甘みを引き立てるように、辛口白と合わせます。バッカラ・アッラ・ヴィチェンティーナは干し鱈のミルクで煮込んだ料理で、ソアーヴェなど辛口白と合わせます。トリッパ・アッラ・マルキジャーナは牛の胃袋をトマトで煮込んだ料理で、モンテプルチャーノにサンジョヴェーゼをブレンドしたコーネロを合わせます。

ワインと料理

429 次の中から北イタリア、ロンバルディア地方の地方料理 Ossobuco alla Milanese に最も相性の良いワインを1つ選んでください。
❶ Oltrepò Pavese Barbera
❷ Soave Superiore
❸ Ramandolo
❹ Roero Arneis

430 ヴァルポリチェッラに合わせる料理を地方性も考慮し、適切なものを1つ選んでください。
❶ Baccalà alla Vicentina（バッカラ・アッラ・ヴィチェンティーナ）
❷ Fegato alla Veneziana（フェガト・アッラ・ヴェネツィアーナ）
❸ Prosciutto di San Daniele（プロシュート・ディ・サン・ダニエーレ）
❹ Risi e Bisi（リーシ・エ・ビージ）

431 イタリアの Prosciutto di Parma と最も相性が良いとされるワインを産出する州を1つ選んでください。
❶ Emilia Romagna
❷ Toscana
❸ Piemonte
❹ Marche

432 次の中から中部イタリア、トスカーナ地方の地方料理 Bistecca alla Fiorentina に最も相性の良いワインを1つ選んでください。
❶ Albana di Romagna
❷ Orvieto Classico Secco
❸ Chianti Classico
❹ Frascati Secco

433 イタリアの D.O.C.G. Conero と最も相性が良いとされる同じ地方の料理を1つ選んでください。
❶ Pollo alla Romana（ローマ風鶏肉と野菜の煮込み）
❷ Trippa alla Marchigiana（牛の胃袋のトマト煮 マルケ風）
❸ Baccalà alla Vicentina（干し鱈のヴィチェンツァ風）
❹ Zuppa Molisana（モリーゼ風スープ）

434 イタリアのローマ地方料理鶏肉と野菜の煮込み（Pollo alla Romana）と最も相性が良いとされるワインを地方性も考慮し適切なものを1つ選んでください。
❶ Conero
❷ Taurasi
❸ Frascati Secco
❹ Greco di Tufo

429 ❶

難易度 ■■□
出題頻度 ■□□
Check ①②③

【イタリア】オッソブーコ・アッラ・ミラネーゼはミラノの伝統的な料理で、仔牛のスネ肉を白ワインで煮込んだものです。一般的にはオルトレポ・パヴェーゼなどの地元の赤ワインを合わせます。美食の街ミラノをはじめ、ロンバルディア州には地方料理が多く、コストレッタ・アッラ・ミラネーゼ（Costoletta alla Milanese ／仔牛のカツレツ ミラノ風）はオルトレポ・パヴェーゼ・バルベーラ、ブレザオラ（Bresaola ／牛肉のハム）はヴァルテッリーナ・スペリオーレを合わせます。

430 ❷

難易度 ■■■
出題頻度 ■□□
Check ①②③

【イタリア】水の都ヴェネツィアは美食でも知られるヴェネトの州都。バッカラ・アッラ・ヴィチェンティーナは干し鱈をタマネギやアンチョビとともに牛乳で煮込んだ料理です。フェガト・アッラ・ヴェネツィアーナはレバーとタマネギを炒めたもの。リーシ・エ・ビーシはグリーンピースとベーコンのリゾット。この他、ポッロ・アッラ・パドヴァーナ（Pollo alla Padovana ／鶏のロースト香辛料風味）も有名です。プロシュート・ディ・サン・ダニエーレはフリウリ＝ヴェネツィア・ジューリア州の生ハム。

431 ❶

難易度 ■□□
出題頻度 ■■□
Check ①②③

【イタリア】美食の地として有名なエミリア・ロマーニャ州はプロシュート・ディ・パルマ（パルマ産の生ハム）の他、パルミジャーノ・レッジャーノ（チーズ）やバルサミコ酢などの特産品があります。また、コストレッタ・アッラ・ボロニェーゼ（Costoletta alla Bolognese ／仔牛のカツレツ ボローニャ風）、タリアテッレ・アッラ・ボロニェーゼ（平打ちのパスタのミートソース）などの地方料理も有名です。

432 ❸

難易度 ■□□
出題頻度 ■■□
Check ①②③

【イタリア】ビステッカ・アッラ・フィオレンティーナはフィレンツェ名物で、ボリューム感のあるTボーン・ステーキです。牛の腰部から取れる肉で、T字の骨の両脇にフィレ肉とサーロイン肉が付いた肉の塊を炭火で焼きあげます。当地ではキアンティ・クラッシコを合わせます。ストラコット・フィオレンティーノ（Stracotto Fiorentino ／牛肉の赤ワイン煮）やタリアータ・ディ・マンツォ（Tagliata di Manzo ／牛肉のたたき）もトスカーナ州の地方料理です。

433 ❷

難易度 ■■□
出題頻度 ■■□
Check ①②③

【イタリア】トリッパ・アッラ・マルキジャーナはハチノスと呼ばれる牛の胃袋をトマトで煮込んだ料理です。クローヴァやマジョラムを加えてスパイシーに仕上げるので、地元マルケ州産のしっかりとした赤ワインと合わせます。ラツィオ州のポッロ・アッラ・ロマーナはフラスカティ・セッコ、ヴェネト州のバッカラ・アッラ・ヴィチェンティーナはソアーヴェ・クラッシコ、モリーゼ州のズッパ・モリザーナはモリーゼ・ビアンコと、それぞれ地元産のワインを合わせます。

434 ❸

難易度 ■■□
出題頻度 ■■□
Check ①②③

【イタリア】ポッロ・アッラ・ロマーナは鶏肉をトマト、パプリカ、タマネギなどと煮込んだ料理です。日本でもむかしから馴染みのあるイタリア料理で、「カチャトーラ（トマト煮）」という名前で呼ばれることもあります。また、ソースをパスタにあえていただくこともあります。ワインは軽めの白ワインが合わせやすく、地元ラツィオ州産のフラスカティ・セッコを合わせます。

ワインと料理

435

次の中からカンパーニア州の名物料理でもある Spaghetti alle Vongole に最も相性の良いワインを1つ選んでください。
❶ Gavi
❷ Ischia Bianco
❸ Orvieto
❹ Marino

436

次の中からイタリアの地方料理 Polpi alla Luciana に最も適したワインを1つ選んでください。
❶ Taurasi
❷ Greco di Tufo
❸ Orvieto
❹ Barbaresco

437

イタリアの地方料理 Spaghetti con Bottarga（からすみのパスタ）と最も相性が良いとされるワインを地方性も考慮し適切なものを1つ選んでください。
❶ Torgiano Bianco
❷ Orvieto Classico
❸ Vernaccia di Oristano
❹ Greco di Tufo

438

次の中からシチリア州の D.O.P.（D.O.C.）ワイン Moscato di Pantelleria と相性が良いとされる地方料理を1つ選んでください。
❶ Caponata（カポナータ）
❷ Cuscusu（クスクス）
❸ Farsumagru（ファルスマーグル）
❹ Cassata（カッサータ）

439

仔羊のあぶり焼き Chuletillas de Cordero Lechal に最も相性が良いとされるワインを、地域性を考慮して1つ選んでください。
❶ Chacoli de Geraria
❷ Manzanilla-Sanlúcar de Barrameda
❸ Rias Baixas Blanco
❹ Rioja Tinto

440

バスク地方のバルで提供される楊枝に刺したひと口つまみを1つ選んでください。
❶ Churros
❷ Gazpacho
❸ Paella
❹ Pinchos

---

435 ❷

難易度 ■□□
出題頻度 ■□□
Check 1 2 3

【イタリア】スパゲッティ・アッレ・ヴォンゴレは日本でも親しまれているアサリのスパゲッティで、元々はカンパーニアの地方料理です。軽めの白ワインを合わせるのが一般的で、地域性を重視して解答します。ガヴィ（ピエモンテ州）はバーニャ・カウダ、オルヴィエート（ウンブリア州）はスパゲッティ・アッラ・ノルチーナ（スパゲッティ トリュフ風味）などを合わせます。

---

436 ❷

難易度 ■■□
出題頻度 ■■□
Check 1 2 3

【イタリア】ポルピ・アッラ・ルチアーナはタコのマリネ、オリーブとニンニクの風味という料理です。サンタルチア湾で獲れた新鮮なタコを使った、カンパーニア州の名物料理として知られます。軽めの白ワインを合わせるのが一般的で、地域性を重視して解答します。「溺れタコ」という面白い名前の料理、ポルピ・アフォガート・アッラ・ルチアーナ（Polpi Affogato alla Luciana）というトマト煮も有名です。

---

437 ❸

難易度 ■■□
出題頻度 ■■□
Check 1 2 3

【イタリア】スパゲッティ・コン・ボッタルガはボッタルガ（からすみ）をまぶしたパスタで、サルデーニャ州の地方料理です。味わいの強い料理なので、地元ではシェリー風味を持った個性的なヴェルナッチャ・ディ・オリスターノを合わせます。からすみは海産魚の卵巣を塩蔵したもので、ボラのものが一般的です。シチリアではボッタルガ・ディ・トンノ（Bottarga di Tonno／鮪のからすみ）が有名です。

---

438 ❹

難易度 ■■□
出題頻度 ■□□
Check 1 2 3

【イタリア】カッサータは果物やナッツを混ぜたリコッタチーズ風味のアイスケーキです。干しぶどうで造る甘口ワインのモスカート・ディ・パンテッレリアを合わせます。シチリア州は北アフリカやスペインから伝わった料理も多く、カポナータ（揚げナスの甘酢煮）やクスクス（粒状の小麦粉、あるいはそれを用いた肉類やスープなど料理の総称）、ファルスマーグル（ミートローフ）などが有名です。

---

439 ❹

難易度 ■□□
出題頻度 ■□□
Check 1 2 3

【スペイン】リオハ地方の地方料理チュレティーリャス・デ・コルデロ・レチャルは、剪定した枝であぶり焼きにした仔羊肉。コルデロ（仔羊）の中でもレチャルは母乳だけで育ったもので、脂肪が少なく、肉質がやわらかいので人気。バスク地方の軽快なワインのチャコリ・デ・ゲタリアはほぼ白ワインで、多くは微発泡性のもの。マンサニーリャはサンルカール・デ・バラメーダ産のシェリー。リアス・バイシャスはガリシア地方の軽快で爽やかな白ワインで有名。赤とスパークリングも認められています。

---

440 ❹

難易度 ■□□
出題頻度 ■□□
Check 1 2 3

【スペイン】ピンチョスはドノスティア（サン・セバスティアン）やビルバオのバルで提供される、楊枝に刺したひと口つまみ。食事の前にワインやビールを飲みながら楽しむ軽食です。チュロスはマドリッドの地方料理で、細長い揚げパン。ガスパチョはアンダルシア地方の郷土料理で、トマトとオリーブオイル、ヴィネガーなどで作る冷製スープ。パエリャは地中海地方の料理で、魚貝類や肉類の具材とともに、サフランで色付けして炊き込んだ米料理。

441

四大産地と讃えられるエストレマドゥーラ州の特産品を1つ選んでください。
❶ Jamón de Ibérico
❷ Palo Cortado
❸ Queso Manchego

442

首都リスボンに近いセトゥーバルでとくに有名な地方料理を1つ選んでください。
❶ Arroz de Polvo
❷ Francesinha
❸ Pasteis de Bacalhau
❹ Sardinha

443

ウィーン名物 Gebackenes Kalbshirn に最も相性の良いワインを、地域性を考慮して1つ選んでください。
❶ Eisenberg Blaufränkisch
❷ Neusiedlersee Zweigelt
❸ Thermenregion Rotgipfler
❹ Traisental Grüner Veltliner

444

Wiener Schnitzel と Tafelspitz をそれぞれ頼まれた二人のお客様にひとつのワインを提案するのに最も良いと思われるものを1つ選んでください。
❶ Neusiedlersee Sankt Laurent
❷ Weststeiermark Schilcher
❸ Wachau Grüner Veltliner Steinfeder
❹ Wiener Gemischter Satz

445

世界三大珍味のひとつで、ハンガリーが生産量で世界一を誇るものを1つ選んでください。
❶ Gulyásleves
❷ Halászlé
❸ Libamáj
❹ Töltött Káposzta

441 ①

難易度 ■□□
出題頻度 ■□□
Check ① ② ③

【スペイン】ハモン・デ・イベリコ（イベリコハム）はスペイン製の黒豚の生ハム。エストレマドゥーラ州とともにサラマンカ県、ウエルバ県、コルドバ県が四大産地。どんぐり主体で肥育された最上級のものはベジョータと呼ばれます。パロ・コルタドは酸化熟成タイプのシェリーで、アモンティリャードの香りとオロロソのボディを持ちます。酒精強化されてフィノ用に熟成しているものから選抜され、再度の酒精強化を行って酸化熟成させます。極上のイベリコハムと合わせます。

442 ④

難易度 ■■□
出題頻度 ■■□
Check ① ② ③

【ポルトガル】イワシ漁で栄えたセトゥーバルは、リスボンにも近いことから観光地としても有名。その名物料理がイワシのグリル（Sardinha assada）。当地ではただ「サルデーニャ（イワシ）」とだけ呼ばれることも。アローシュ・デ・ポルボはタコのリゾットで、ポルトなどの沿岸部の名物。フランセジーニャは食パンにハムなどをはさみ、上からチーズをかけて焼き、トマトソースを添えた料理で、ポルトの名物。パシュテイシュ・デ・バカリャウは国民食とも言われる干しダラとジャガイモのコロッケ。

443 ③

難易度 ■■■
出題頻度 ■□□
Check ① ② ③

【オーストリア】ゲバッケネス・カルプスヒルンは仔牛の脳みそのフライで、ウィーンの名物料理。ウィーン南隣のテルメンレギオンの北部は、リッチでソフトな味わいの固有品種ロートギプフラーが有名。ブラウフレンキッシュは黒系果実と胡椒の風味があり、ラムや鹿肉などの赤味肉に合わせます。ツヴァイゲルトはサワーチェリーの風味があり、軽めの肉料理に合わせます。グリューナー・ヴェルトリーナーはハーブと白胡椒の風味とともに粘りがあるので、鶏肉料理やエスニック料理に合わせます。

444 ④

難易度 ■■□
出題頻度 ■■□
Check ① ② ③

【オーストリア】ウィーナー・シュニッツェルは仔牛または豚肉のカツレツ。ターフェルシュピッツはゆでた牛肉を、リンゴとサワークリームでいただく料理。ゲミシュター・サッツは多品種がもたらす多面的な味わいがあり、ひとつのワインで数多くの料理に対応できます。ザンクト・ラウレントは鴨や鳩などの赤身鳥類のローストに合います。シルヒャーはブラウアー・ヴェルトバッハーから造るヴェストシュタイヤーマルク地方のロゼ。シュタインフェルダーはヴァッハウ独自の格付け白ワイン。

445 ③

難易度 ■□□
出題頻度 ■□□
Check ① ② ③

【ハンガリー】グヤーシュレヴェシュは牛肉とたっぷりの野菜を煮た大鍋料理。祖先マジャールの遊牧民の料理が起源とされ、ハンガリーの国民食です。ハラースレーは鯉などの川魚をパプリカで煮込んだスープ。バラトン地方など各地で作られています。リバマイ（フォワグラ）の生産量は世界一を誇り、トカイ地方が有名。トルトット・カーポスタ（ロールキャベツ）はハンガリーをはじめ、欧州で広く食されています。元々はアナトリア半島（トルコ）で食べられていたドルマが起源とも言われています。

ワインと料理

446 非加熱圧搾タイプ（セミハードタイプ）のチーズの製造の過程で、カードをカットし撹拌していく時に温度は何度以上にしないようにするか。次の中から1つ選んでください。
❶ 40℃
❷ 45℃
❸ 53℃
❹ 55℃

447 主要チーズ生産国8カ国（フランス、イタリア、スイス、オーストリア、オランダ、デンマーク、スウェーデン、ノルウェー）が「ストレーザ協定」を締結した年を次の中から1つ選んでください。
❶ 1935年
❷ 1941年
❸ 1952年
❹ 1966年

448 シェーヴルチーズの原料の山羊乳には、ある栄養成分が少ないため真っ白い生地になるのが特徴であるが、この栄養成分は何か次の中から1つ選んでください。
❶ 脂肪
❷ たんぱく質
❸ カロテン
❹ ビタミンC

449 フランス A.O.P. チーズの中からノルマンディ地方で牛の乳から作られるウォッシュタイプのチーズを1つ選んでください。
❶ Pont-l'Evêque
❷ Valençay
❸ Banon
❹ Morbier

450 次の中からフランス産チーズ Munster に合わせるワインとして、最も相応しいものを1つ選んでください。
❶ Gewürztraminer Vendanges Tardives 1997
❷ Muscat de Cap Corse 1996
❸ Muscadet 2001
❹ Château Latour 1999

451 次の中からフランス産チーズ Crottin de Chavignol に最も相性の良いワインを1つ選んでください。
❶ Sancerre Blanc
❷ Beaujolais Villages
❸ Châteauneuf-du-Pape Rouge
❹ Château Climens

446 **❶**

難易度 ■■□
出題頻度 ■□□
Check 1 2 3

【チーズ概論】酵素を作用させて乳が凝固したもの（カード）を細かくカットして攪拌する際に、① 40℃以上に上げないで成形し、プレスして水分を抜いた非加熱圧搾タイプ（セミハードタイプ）② 40℃以上に上げて水分の放出を促したものを加熱圧搾タイプ（ハードタイプ）、と分類します。水分を抜くことで長期熟成に向くチーズとなります。コンテやボーフォールは 53℃、パルミジャーノ・レッジャーノは 55℃超まで加熱します。

447 **❸**

難易度 ■■□
出題頻度 ■■□
Check 1 2 3

【チーズ概論】ストレーザ協定の後、各国の原産地制度が整備・強化されました。1992 年には A.O.C. や D.O.C. を基にして EU の品質保証制度が制定されます。原産地と結びついた伝統の味と安全の地理的表示制度として、①原産地呼称保護 P.D.O. ②地理的表示保護 P.G.I. ③伝統的特産品保証 T.S.G.、が設けられています。また、2000 年には EU 産有機農産物マークが設けられました。EU 未加盟のスイスは 2000 年に独自の A.O.C.（現 A.O.P.）を制定します。

448 **❸**

難易度 ■■■
出題頻度 ■■□
Check 1 2 3

【山羊】山羊乳は牛乳に比べて脂肪球が小さいため消化吸収が良く、乳糖が少ないため下痢になりにくいのが特徴です。しかし、山羊の体臭など臭いを吸収しやすいため、適切な処理を行わないと獣臭くなります。また、カプロン酸などの脂肪酸が多く含まれており、独特のさわやかな酸味があります。この酸味をやわらげるため、ポプラの木炭粉をまぶしたりします。山羊乳チーズはロワール川流域と南仏が名産地で、中世に侵攻してきたイスラム教徒によってもたらされました。

449 **❶**

難易度 ■■■
出題頻度 ■■□
Check 1 2 3

【フランス】ノルマンディやイル・ド・フランスは牛乳から造るチーズが有名です。白カビの代表的なものはカマンベール・ド・ノルマンディ、ヌーシャテル（以上、ノルマンディ）、ブリ・ド・モー、ブリ・ド・ムラン（以上、イル・ド・フランス）など。白赤ともに幅広くワインと合います。ノルマンディではウォッシュタイプのポン・レヴェックもあり、ブルゴーニュやボルドーなど赤ワインに広く合います。

450 **❶**

難易度 ■■□
出題頻度 ■■□
Check 1 2 3

【フランス】マンステールはアルザス地方を代表するウォッシュチーズ（原料乳は牛乳）です。熟成の際に塩水や酒類で洗うことで、特定の細菌のみを繁殖させて、タンパク質をアミノ酸に分解します。外皮はオレンジ色で粘り気があります。腐敗臭が出始めた頃が食べ頃で、内部はなめらかでうまみが強くなります。その他のウォッシュでは、ポン・レヴェック（ノルマンディ）やエポワス（ブルゴーニュ）も有名です。いずれも豊潤なワインと合わせます。

451 **❶**

難易度 ■■□
出題頻度 ■□□
Check 1 2 3

【フランス】クロタン・ド・シャヴィニョルはロワール地方を代表するシェーヴルチーズ（原料乳は山羊乳）です。古くなって黒カビが生えたところから「クロタン（馬糞）」と名付けられました。シェーヴルは独特の獣臭さを伴い、酸味が強いのが特徴です。若いものはサンセールなどの爽やかな白ワイン、熟成したものはロゼや赤に合わせます。代表的なものにサント・モール・ド・トゥーレーヌ、ヴァランセなどがあります。

452 次のフランスの A.O.P. チーズの中から、コート・デュ・ローヌ地方で造られているシェーヴルチーズを1つ選んでください。
❶ Charolais（シャロレ）
❷ Chabichou du Poitou（シャビシュー・デュ・ポワトー）
❸ Picodon（ピコドン）
❹ Banon（バノン）

453 貴腐ワイン Sauternes と最も相性が良いとされるものを1つ選んでください。
❶ Camembert de Normandie
❷ Mont d'Or
❸ Roquefort
❹ Sainte-Maure de Touraine

454 次のフランスの A.O.P. チーズの中から羊乳から造られているものを1つ選んでください。
❶ Cantal
❷ Ossau-Iraty Brebis Pyrénées
❸ Saint-Nectaire
❹ Valençay

455 フランス A.O.P. チーズでサヴォワ地方で生産されているチーズを1つ選んでください。
❶ Chaource
❷ Beaufort
❸ Livarot
❹ Banon

456 イタリア D.O.P. チーズ Murazzano と最も相性が良いとされるワインを地方性も考慮し、適切なものを1つ選んでください。
❶ Oltrepò Pavese
❷ Cirò Bianco
❸ Gavi
❹ Recioto di Soave

457 イタリア D.O.P. チーズ Taleggio が生産されている地方（州）を1つ選んでください。
❶ Lombardia
❷ Toscana
❸ Sicilia
❹ Sardegna

452 ❸

難易度 ■■□
出題頻度 ■■□
Check ①②③

【フランス】シェーヴルチーズはロワール地方やフランス西部のポワトー地方が有名ですが、北部を除く各地で造られています。ピコドンはドフィーネ地方（ローヌ川流域）で造られる小ぶりのものです。バノンはプロヴァンスの内陸部が原産地で、栗の葉で包んで熟成させるのが特徴です。いずれも熟成したものはコンドリューなどの豊潤な白ワインと合わせます。シャロレ（ブルゴーニュ）は国内屈指となる牛肉の産地として有名で、シェーヴルチーズも造られています。

453 ❸

難易度 ■■□
出題頻度 ■■■
Check ①②③

【フランス】ロックフォールはラングドックで造られている青カビチーズ（原料乳は羊乳）で、ゴルゴンゾーラ（牛乳）やスティルトン（牛乳）とともに、「世界三大ブルーチーズ」と讃えられています。ソーテルヌやジュランソンをはじめとする南西部の甘口ワイン、ボルドーやシャトーヌフ・デュ・パプなどの赤ワインと合わせます。モン・ドールはジュラのウォッシュチーズ（牛乳）で、「チーズの王様」とも讃えられ、ブルゴーニュなどと合わせます。

454 ❷

難易度 ■■■
出題頻度 ■■□
Check ①②③

【フランス】セミ・ハードタイプは圧搾によりある程度の水分を除いたチーズで、ナチュラルチーズとしては保存性が高いので、山岳地帯で造られてきました。牛乳を原料乳とするものが有名ですが、オッソー・イラティ・ブルビ・ピレネー（ピレネー）のように羊乳から造るものもあります。牛乳で代表的なものでは、カンタルやサン・ネクテール（オーヴェルニュ）があります。いずれも癖があまりないので、白ワインから赤ワインまで幅広く合わせられます。

455 ❷

難易度 ■■□
出題頻度 ■■■
Check ①②③

【フランス】ハードタイプは圧搾により水分を除いた大型のチーズです。ナチュラルチーズとしては保存性が高いので、保存食として山岳地帯で造られてきました。フランスの代表的なものとしては、ボーフォール（サヴォワ）やコンテ（ジュラ）があります。濃厚なうまみがあるわりに癖が強くないので、白ワインから赤ワインまで幅広く合わせます。中でもシャトー・シャロンをはじめとする黄ワインとの相性は素晴らしいと讃えられています。

456 ❸

難易度 ■■■
出題頻度 ■■□
Check ①②③

【イタリア】ムラッツァーノはピエモンテ州で造られるチーズで、羊乳を6割以上使うことが義務付けられています（残りは羊乳や牛乳、山羊乳）。羊乳らしいマイルドな風味があり、軽快なワインと合わせます。オルトレポ・パヴェーゼはロンバルディア州の多彩なワインで、ピノ・ネーロを用いた伝統的製法による発泡酒が D.O.C.G. に認定されています。チロはカラブリア州で造るワインで、白の他、赤とロゼがあります。レチョート・ディ・ソアーヴェはヴェネト州の陰干し辛口ワインです。

457 ❶

難易度 ■■□
出題頻度 ■■□
Check ①②③

【イタリア】タレッジョはイタリアを代表するウォッシュチーズ（原料乳は牛乳）で、ロンバルディア州をはじめとする北部イタリアで造られています。外皮はフランス産と同じようにオレンジ色をしていますが、香りが控えめなので、食べやすいのが特徴です。テーブルチーズのほか、パスタソースやオムレツなどにも使われます。白から赤、フランチャコルタなどのスパークリングワインにも合わせられます。

ワインと料理

458

次の中から北イタリアのピエモンテ、ロンバルディア両州で造られるチーズ Gorgonzola に最も相性の良いワインを1つ選んでください。
❶ Verdicchio dei Castelli di Jesi
❷ Martina Franca
❸ Ghemme
❹ Bianco di Custoza

459

次のイタリアの D.O.P. チーズの中から、羊乳を原料として造られているものを1つ選んでください。
❶ Taleggio（タレッジョ）
❷ Asiago（アジアーゴ）
❸ Pecorino Romano（ペコリーノ・ロマーノ）
❹ Mozzarella di Bufala Campana（モッツアレッラ・ディ・ブーファラ・カンパーナ）

460

スペイン D.O.P. チーズ Queso Manchego と最も相性が良いとされるワインを地方性も考慮し、適切なものを1つ選んでください。
❶ Rioja
❷ Rías Baixas
❸ La Mancha
❹ Ribera del Guadiana

458 ③

難易度 ■■□
出題頻度 ■■□
Check 1 2 3

【イタリア】ゴルゴンゾーラ（原料乳は牛乳）はロックフォール（フランス／羊乳）とスティルトン（イギリス／牛乳）とともに、「世界三大ブルーチーズ」として讃えられています。ピカンテ（「辛い」の意味）という青カビが多く塩味の強いタイプと、ドルチェ（「甘い」の意味）という青カビが少なくてミルクの甘味があるタイプがあります。地元ではピカンテはゲンメなどの辛口の赤ワイン、ドルチェはレチョートなどの甘口の白ワインを合わせます。

459 ③

難易度 ■■■
出題頻度 ■■□
Check 1 2 3

【イタリア】ペコリーノは羊乳のハードタイプチーズの総称で、トスカーナ州やラツィオ州など中・南部で広く生産されています。保存性を高めるため、塩分を多く使用しており、この塩味の強さが特徴です。タレッジョ（原料乳は牛乳）は北部で造られるウォッシュ、アジアーゴは東部で造られるハードタイプ（牛乳）、モッツァレッラ・ディ・ブーファラ・カンパーナ（水牛）はカンパーニア州などで造るフレッシュタイプです。

460 ③

難易度 ■■■
出題頻度 ■■□
Check 1 2 3

【スペイン】ケソ・マンチェゴはスペインで最も有名なチーズで、羊乳から造るハードタイプ。円筒形をしており、側面に独特の網目模様があります。カスティーリャ・ラ・マンチャ州が原産地で、地元では白ワインから赤ワインまで幅広く合わせます。その他、スペインのチーズで代表的なものは北部大西洋岸のカブラレス（混合乳・青カビ）やイディアサバル（羊乳・ハード）などがあります。

ワインと料理

Chapter 6

Part1 輸入、販売、管理

461
2017 年の主要国別・ブドウ酒（2ℓ以下の容器入り）の輸入状況で、1ℓ当たりの平均単価が一番低い国を次の中から 1 つ選んでください。
❶ チリ
❷ スペイン
❸ モルドバ
❹ 南アフリカ共和国

462
日本において、酸化防止剤、二酸化硫黄 SO_2（亜硫酸塩、二酸化硫黄）のワイン 1kg の使用可能量を 1 つ選んでください。
❶ 0.15g 未満
❷ 0.20g 未満
❸ 0.25g 未満
❹ 0.35g 未満

463
日本において、保存料として認可されているソルビン酸のワイン 1kg の使用可能量を 1 つ選んでください。
❶ 0.15 g 以下
❷ 0.20 g 以下
❸ 0.25 g 以下
❹ 0.30 g 以下

464
次の中からワインの価格表に書かれている Ex Cellar の意味として正しいものを 1 つ選んでください。
❶ 運賃保険料込価格
❷ 輸出港本船積込渡価格
❸ 海上運賃込価格
❹ 現地倉庫前渡価格

465
次のワインの輸入に関する記述の中から誤っているものを 1 つ選んでください。
❶ FOB とは輸出港本船積込渡価格のことである
❷ Invoice とは品名、アルコール度、酸度、エキス分、糖度、添加物分析数値などの証明のことである
❸ B/L とは船荷証券のことである
❹ ドライコンテナはリーファーコンテナに比べ、1 割以上多く積める

その他（販売、鑑賞表現、サービスほか）

近年はソムリエやエキスパートという資格区分に応じて出題内容が変わる傾向があります。公衆衛生・食品保健は頻出分野でしたが、近年は出題数が大幅に削られるとともに、業務や日常とはかい離した専門性の高い難問はほとんど出題されなくなりました。

461 **❷**

難易度 ■■□
出題頻度 ■■□
Check ①②③

【輸入】1ℓ当たりの CIF 単価は、低い方から①スペイン（305 円）②チリ（321 円）③ブラジル（333 円）④モルドバ（381 円）⑤ポルトガル（394 円）、と続きます。逆に高い方からは①カナダ（3,267 円）②スイス（2,026 円）③米国（1,692 円）④イスラエル（1,369 円）⑤スロバキア（1,195 円）、となります。

462 **❹**

難易度 ■■□
出題頻度 ■■□
Check ①②③

【輸入業務】ワインに使用される添加物のうち、最も代表的なものに酸化防止剤として用いられる二酸化硫黄（亜硫酸塩または無水亜硫酸など）があります。日本においてはワイン 1kg につき、二酸化硫黄として 0.35g 以上残存しないように（350ppm 未満）規制されています。「輸入ワインは酸化防止剤が多く含まれている」という誤解が流布されていますが、国内消費・輸出向けでの添加量に違いを設けることはあまりなく、規制値も人体に影響のない安全なレベルとされています。

463 **❷**

難易度 ■■□
出題頻度 ■□□
Check ①②③

【輸入業務】ワインに使用される添加物には多くのものがあり、ソルビン酸（ソルビン酸塩）は酵母の繁殖を抑えるための保存料として用いられることがあります。日本においてはワイン 1kg につき、ソルビン酸として 0.2g までの使用が認められており、使用した際には表示が義務付けられています。ソルビン酸は規制値内であれば健康を害するほどの影響はないとされるものの、食肉加工などで使われる亜硝酸ソーダとともに摂取すると発がんの恐れがあるという指摘もなされています。

464 **❹**

難易度 ■■■
出題頻度 ■■□
Check ①②③

【輸入業務】ワインが輸入会社の手元に届くまでにはさまざまな段階があります。どの段階での取引として条件を設定するかにより、生産者に支払う金額が違ってきます。Ex Cellar は蔵出しのことで、生産者の軒先から発生する料金はすべて輸入会社が負担するので、生産者に支払う金額は最も小さくなります。ワインの場合、取引の 95％ が Ex Cellar になります。その他、輸出港本船舷側渡価格となる FAS、選択肢 2 の FOB、同 3 の C & F、同 1 の CIF の順番に金額が大きくなります。

465 **❷**

難易度 ■■■
出題頻度 ■□□
Check ①②③

【輸入業務】船積み書類には①インボイス（Invoice ／納品書）② B/L（船荷証券）③分析証明書 ④パッキング・リスト ⑤海上保険証券、などがあります。そのうち、インボイスとは品名、収穫年、アルコール度数、容量、函入数、現地の輸送費用、輸出経費、決済条件などの契約条件を記した送り状のことです。

その他

466

次の中から T/T Remittance の説明として正しいものを 1 つ選んでください。
❶ 前渡金払い
❷ 期日手形支払い
❸ 銀行送金
❹ 信用状開設

467

厚生労働省規定の果実酒類の品目等表示において、ボトルステッカー記載事項の中で任意表示のものを 1 つ選んでください。
❶ アルコール度数
❷ 食品添加物
❸ 輸入者住所
❹ 妊産婦の飲酒に対する注意表示

468

ワインを長期にわたり保存する場合、保管庫として理想的とは言えない環境を次の中から 1 つ選んでください。
❶ 年間を通じて 12 度〜 15 度になるよう温度設定をする
❷ 通常は暗所で、照明は白色光のみ使用し必要時に点灯できる
❸ 湿度を 70%〜 75%で保つ
❹ エアコンの冷風を常時直接ワインに当てて、温度を一定に保つようにする

469

赤ワインの色調の変化についての記述の中から正しいものを1つ選んでください。
❶ 赤ワインは紫がかった赤色が、黄金色、琥珀色へと変化していく
❷ 赤ワインは紫がかった赤色が、オレンジ色の色調を呈し、レンガ色へと変化していく
❸ 赤ワインは紫がかった赤色が、酸化により黒味を帯び更に濃い色調へと変化していく
❹ 赤ワインは紫がかった赤色が、還元熟成により色調の変化は見られない

470

次の中から熟成スピードが遅くなる要素として、あまり重要でないものを 1つ選んでください。
❶ 有機酸の量
❷ ポリフェノールの量
❸ 残存糖分の量
❹ 含有水分量

471

コルク臭の原因とされる物質を 1 つ選んでください。
❶ TCA
❷ TAC
❸ CIF
❹ FCL

466 ③

難易度 ■■■
出題頻度 ■□□
Check ① ② ③

【輸入業務】T/T Remittance とは銀行送金とも呼ばれ、シッパー（輸送業者）が銀行を通さず直接買い主に証書を郵送し、買い主は輸入通関を済ませその後に送金するという決済方法です。この他、発注時に買い手が売り手宛に、銀行が保証した代金相当の信用状を開設するもの（選択肢 4）、シッパーが代金を代理で回収する一覧払い手形、手形で代金を支払う期日手形支払い、ボルドーのプリムールなどで使われる前渡金払いがあります。

467 ④

難易度 ■■□
出題頻度 ■■□
Check ① ② ③

【輸入業務】輸入業者がボトルの裏ラベルに明記しなければならないのは、①輸入者の氏名又は名称 ②輸入者の住所 ③引取先の所在地 ④容器の容量 ⑤酒類の品目 ⑥原産国 ⑦アルコール分 ⑧発泡性 ⑨食品添加物 ⑩未成年者の飲酒防止の表示 ⑪識別表示（容器の種類）⑫妊産婦の飲酒に対する注意表示 ⑬有機等の表示、があります。ただし、⑫⑬は任意表示。また、輸出者名や製造者名は記載の義務はありません。

468 ④

難易度 ■■□
出題頻度 ■■□
Check ① ② ③

【販売管理】選択肢 4 の中で「エアコンの冷風を常時直接ワインに当てて」というところが誤りになります。温度を一定に保つにしても、コルク栓の乾燥を防ぐためエアコンの風は避けなければいけません。この他、振動を避ける、異臭を放つ物と一緒に保管しない、瓶を横に寝かせるなどの注意点があります。

469 ②

難易度 ■■□
出題頻度 ■■□
Check ① ② ③

【販売管理】赤ワインの熟成における色合いは、紫がかった赤色→赤色→オレンジ色→レンガ色へと変化していきます。呈色成分のアントシアニン類（紫色）と渋味成分のタンニンが重合するなどして、ピグマンテッド・タンニン（黄色）が生成されるためです。一方、白ワインでは呈色成分のカテキンが酸化により褐色化する反応と考えられ、色合いは黄緑色→黄色→黄金色→黄褐色という変化を遂げます。

470 ④

難易度 ■■□
出題頻度 ■□□
Check ① ② ③

【販売管理】熟成スピードが遅くなる要素として、①有機酸の含有量 ②ポリフェノール類の含有量 ③木樽熟成に由来するポリフェノール含有量 ④残存糖分 ⑤アルコール度数 ⑥エキス分の濃縮度合い、が挙げられます。ポリフェノール類の含有量が多いぶどう品種としては、カベルネ・ソーヴィニヨンやネッビオーロなどがあります。

471 ①

難易度 ■■□
出題頻度 ■■■
Check ① ② ③

【販売管理】かび臭い、濡れたダンボールなどにたとえられるコルク臭（ブショネ）は、TCA（トリクロロアニソール）という化学物質が原因。TCA はそれ自身の臭気ではなく、嗅細胞に働きかけて臭覚そのものを抑制させることで引き起こすという研究が発表されました。この TCA はコルク樫の樹皮を殺菌・漂白する際に使用する塩素が残留し、ある種のカビが働くことで生成されたものです。近年はこの発生を防除するために、塩素剤の使用を控える、排除した建材や資材を使うなどが行われています。

その他

Part1 輸入、販売、管理

472

次の中から長期熟成を最も期待できないと思われる銘柄を1つ選んでください。
❶ Alsace Gewürztraminer Vandanges Tardives
❷ Château-Chalon
❸ Côte-Rôtie
❹ Muscadet de Sèvre et Maine sur Lie

473

あるレストランの1カ月間の飲料売り上げが1,000万円、前月棚卸在庫金額が500万円、当月仕入金額が250万円、当月棚卸在庫金額が350万円、他部署への振り替え金額が30万円、社用金額が7万円、破損金額が3万円である場合の原価率を1つ選んでください。
❶ 44%　　　　　　　❷ 36%
❸ 56%　　　　　　　❹ 65%

474

次の中から一般的に、日本の酒税法で甘味果実酒に該当するものを1つ選んでください。
❶ Cava
❷ Champagne
❸ Marsala
❹ Calvados

Part2 鑑賞表現

475

標準的なテイスティングを行う上で、室温として適した温度帯を1つ選んでください。
❶ 10℃〜 13℃
❷ 14℃〜 17℃
❸ 18℃〜 22℃
❹ 23℃〜 26℃

476

テイスティングにおいて、バターの香りはどれに属するか、次の中から1つ選んでください。
❶ Spicy
❷ Balsamic
❸ Ether
❹ Chemical

472 ❹

難易度 ■■■
出題頻度 ■□□
Check ①②③

【販売管理】ボルドーやブルゴーニュの上級ワインは数十年の熟成に耐え うることは広く知られています。その他にもローヌの赤ワイン、アルザス やドイツの甘口ワイン、ジュラの黄ワインなどが熟成に耐えうることが知 られています。また、近年はカリフォルニアやオーストラリアなどの新世 界でも上級の赤ワインは熟成に耐えうることが分かってきました。

473 ❷

難易度 ■■□
出題頻度 ■■□
Check ①②③

【販売管理】レストラン、酒販店では単にワインを販売するだけでなく、 売上に関する計数的な見方、考え方が必要となります。
（対売上消費金額）＝（前月棚卸在庫金額）＋（当月仕入金額）－
（当月棚卸在庫金額）－（他部署への振替金額）－（社用金額）－
（破損金額）
（原価率）＝（対売上消費金額）÷（ワイン総合売上金額）× 100

474 ❸

難易度 ■■■
出題頻度 ■□□
Check ①②③

【販売管理】醸造酒類の中で、「果実（果実及び水）を原料として発酵させ たもの」で、アルコール分が 20 度未満のものが果実酒に分類されます。 これには糖類や酒類を加えて発酵させたものなども含まれます。一方、甘 味果実酒は混成酒類に分類され、果実酒にブランデーや香味料、色素など を加えたもの、あるいは植物を浸漬して成分を浸出させたものとなります。

475 ❸

難易度 ■■□
出題頻度 ■■□
Check ①②③

【テイスティング概論】より正確を期すためには、共通用語、共通の環 境、共通の用具など一定の基準を設けておくことが望ましいとされます。 主な望ましい条件としては①室温 18 〜 22℃ ②グラスは I.S.O. 規格品 （No.3591）③ワインの温度は赤ワインが 16 〜 17℃、白ワインやロゼワイ ンが 15℃、スパークリングワインが 8℃、とされます。

476 ❸

難易度 ■■■
出題頻度 ■■■
Check ①②③

【テイスティング】ワインのテイスティングで香りは、①植物（Vegetal）② 花（Floral）③果実（Fruity ／ベリー、かんきつ、木なり、トロピカル、乾果、 ナッツ）④香辛料（Spicy）⑤森林木（Forest ／ Woody）⑥芳香性（Balsamic） ⑦焦臭性（Empyreumatic）⑧化学物質（Chemical）⑨エーテル（Ether）、 に分類されています。

その他

477

ワインのフレーバー・ホイールで酸化に関連するにおい物質を次の中から1
つ選んでください。
❶ ダイアセチル
❷ 酢酸エチル
❸ メルカプタン
❹ アセトアルデヒド

478

ワインテイスティングにおいて口に含む量として適当なものを1つ選び、解
答欄にマークしてください。
❶ 5 〜 10mℓ
❷ 10 〜 15mℓ
❸ 15 〜 20mℓ
❹ 20 〜 25mℓ

479

ワインの外観に関する記述で正しいものを1つ選んでください。
❶ 輝きは酸度と密接な関係がある
❷ 一般的にアルコール度が低いほど粘性が強くなる
❸ ディスクはグラスの壁面をつたう滴を意味する
❹ 清澄度の低いワインは必ず品質に問題がある

480

次の中からワインテイスティング用語の「ディスク」の意味に該当するもの
を1つ選んでください。
❶ グラスの真上、真横から見た液面の厚み
❷ グラスの壁面をつたう滴の状態
❸ 光に反射する輝きで照りや艶を見る
❹ 透明感で健全度を判断する

481

基本的な白ワインテイスティングに関する記述で、酸化熟成が最も進んだ状
態を表現する色調を1つ選んでください。
❶ グリーン
❷ アンバー
❸ レモンイエロー
❹ 黄金

482

基本的なワインテイスティングに関する記述で「Bulles」を意味する用語を
1つ選んでください。
❶ 清澄度
❷ ポリフェノール
❸ 泡立ちの粒
❹ 瓶内熟成の長さ

477 ④

難易度 ■■■
出題頻度 ■■□
Check 1 2 3

【テイスティング】ダイアセチルは「カラメル」に分類され、低濃度ではバターやチーズの香り、閾値を超えると生乾きの台布巾のように感じられます。酢酸エチルは「化学的」に分類され、低濃度ではパイナップルの香り、閾値を超えると除光液のように感じられます。メルカプタン（チオール）は「化学的」に分類され、汗臭いにおいや腐ったキャベツといった悪臭物質として有名。ただし、グレープフルーツやパッションフルーツの香りにも関係しています。アセトアルデヒドは二日酔いの原因のひとつ。

478 ②

難易度 ■■□
出題頻度 ■■□
Check 1 2 3

【テイスティング概論】テイスティングの手順は、①外観 ②香り ③味わい ④余韻 ⑤総合評価、となります。味わいの確認では、舌の上で転がすようにワインを広げ、糖・酸・アルコール・タンニンなどの、さまざまな要素や調和を確認します。1回に口に含む量は 10 〜 15mℓ が望ましいとされています。口中での滞留時間は 10 〜 15 秒。同一ワインは 3 回を限度として確認を行います。

479 ①

難易度 ■■□
出題頻度 ■■□
Check 1 2 3

【鑑賞表現】「輝き」は外観での確認項目のひとつ。液面に反射する光を見るもので、「照り」「艶」と言われることもあります。酸度が強いと色素が安定して、輝きが強くなります。「清澄度」とともにワインの健全度の指標ともされます。ただし、近年はノンフィルター（無ろ過）やノンコラージュ（無清澄）のワインも多く、その場合は清澄度が低くなります。また、アルコールや残糖の高いものは粘性が強くなります。

480 ①

難易度 ■■□
出題頻度 ■■□
Check 1 2 3

【鑑賞表現】直訳としては「円盤」となります。ワインの用語としては、グラスに注いだ時のワインの液面を指します。アルコール度や残糖が高いものは表面張力が強く、それによりグラスの壁面にワインが盛り上がっていきます。つまり、ディスクの厚みを確認することで、およそのワインの濃度が推測できます。選択肢 2 にある滴は「ラルム（涙）」「ジャンブ（脚）」（フランス語）と表現します。

481 ②

難易度 ■□□
出題頻度 ■■■
Check 1 2 3

【鑑賞表現】「色調」はテイスティングを行う際、外観での確認項目のひとつになります。酸化により色調は変化していくので、熟成の度合いを判断することができます。一般的な若い白ワインの場合、冷涼産地のものは青みを帯びた淡い色調、温暖産地のものは青みが少なく、深みのある色調になります。熟成が進むに従って、黄金色を経て琥珀色（アンバー）へと変化します。グラスを傾けて、液面が楕円形になったところで、中心部から辺縁部への色調や濃淡の変化を確認できます。

482 ③

難易度 ■□□
出題頻度 ■□□
Check 1 2 3

【鑑賞表現】スパークリングワインのテイスティングにおいては、外観で発泡性を確認する必要があります。この時、底から立ちのぼる泡をビュル（Bulles ／粒）、液面に浮き出た泡をムスー（Mousseux ／泡）と言い分けます。ビュルは粒の大きさや勢いから製法の違いが判断できます。とくに瓶内二次発酵のものは粒が細かくなります。一方、ムスーは持続性や細かさから瓶内熟成の長さなどを判断します。

その他

483
基本的なワインテイスティングに関する記述で最も適切なものを1つ選んでください。
❶ 第1アロームは原料ぶどう由来の香りである
❷ 白い花の香りをブーケと言う
❸ 第2アロームは熟成に関連する
❹ 木樽の香りは大樽によるもののほうが強く感じられる

484
基本的なワインテイスティングに関する記述で、マロラクティック発酵によって生まれる香りを1つ選んでください。
❶ 杏仁豆腐
❷ 白い花
❸ ヴァニラ
❹ スパイス

485
ワインテイスティングにおける香りの比喩的な表現で、「バナナ」が使われるワインを1つ選んでください。
❶ Beaujolais Rouge
❷ Château Margaux
❸ Meursault Perrières
❹ Muscadet-de Sèvre et Maine sur Lie

486
基本的なワインテイスティングに関する記述で、アルコールの強弱と密接に関係する用語を1つ選んでください。
❶ 繊細さ
❷ 優雅さ
❸ ボリューム感
❹ 収斂味

487
基本的なワインの味わいの表現で「フィネス」に最も相応しいものを1つ選んでください。
❶ 上品さや繊細さ
❷ ミネラル分の多少
❸ 口に含んだ時の第一印象
❹ アルコールのヴォリューム感

488
熟成したボルドーの赤ワイン Château Haut-Brion 1962 で相応しいと思われる色調の表現を1つ選んでください。
❶ Ambré
❷ Gris
❸ Tuilé
❹ Violet

483 ①

難易度 ■■□
出題頻度 ■■■
Check 1 2 3

【鑑賞表現】テイスティングを行う際、香りは多くの情報を与えてくれます。確認項目としては強弱、複雑性、比喩的表現があり、中でも比喩的表現は「第1アロマ（アローム／仏 Arômes）」「第2アロマ」「第3アロマ（ブーケ）」と分類されています。第1は原料ぶどうに由来するもの、第2は発酵段階に生じるもの、第3は樽や瓶の中での熟成で生じるものとなります。

484 ①

難易度 ■■□
出題頻度 ■■□
Check 1 2 3

【鑑賞表現】マロラクティック発酵による香りは「第2アロマ」に分類されるもので、杏仁豆腐やカスタードクリームにたとえられます。また、低温発酵はキャンディや吟醸香に、マセラシオン・カルボニックはバナナにたとえられます。一方、木樽熟成はヴァニラ、ロースト、スパイスにたとえられるもので、第3アロームに分類されます。

485 ①

難易度 ■■□
出題頻度 ■□□
Check 1 2 3

【鑑賞表現】ワインの銘柄から発酵や熟成の違いを推測させる問題です。バナナはマセラシオン・カルボニックによって生じる香りの比喩的表現で、この技術はボージョレで一般的である他、南仏やスペインの低価格品でも普及しています。ボルドーの高級な赤ワインでは新樽熟成によるヴァニラ、スパイスなど、コート・ドールの高級な白ワインはマロラクティック発酵による杏仁豆腐、シュール・リーを用いたミュスカデはパンの香りが感じられます。

486 ③

難易度 ■■□
出題頻度 ■■□
Check 1 2 3

【鑑賞表現】アルコールはワインの味わいを構成する重要な要素のひとつです。ボリューム感や肉付きを与える他、甘さとして感じられることもあります。一方、収斂味はワインを口に含んだ時に頬や歯ぐきが引き締まる感じを表現する言葉で、タンニンによって引き起こされます。繊細さや優雅さは「フィネス」という言葉で表現します。

487 ①

難易度 ■■■
出題頻度 ■■□
Check 1 2 3

【鑑賞表現】鑑賞表現において、「フィネス」はワインを賞賛する言葉では最上級のものになります。抽象的な概念であるため、簡単に言い表すことは難しいものの、繊細さや優雅さ、上品さを持ったワインに用いられます。近年は「濃さ、密度（Densité／デンシテ）」や「凝縮した（Concentré／コンサントレ）」といった用語も重用されています。口に含んだ時の第一印象は「アタック（仏 Attaque／英 Attack）」、ボリューム感は「ボディ」と表現します。

488 ③

難易度 ■■□
出題頻度 ■□□
Check 1 2 3

【鑑賞表現】色調を表わす言葉は白・赤・ロゼといったタイプごとに、熟成の度合いなどでさまざまなものが使われます。「琥珀色（アンバー、アンブレ）」は十分に熟成した白ワインに用いられます。「灰色（グリ）」は淡いロゼワインに用いられる言葉で、ロレーヌ地方の A.O.C. で認められているグリワインのようにタイプとしても使われます。「レンガ色（テュイレ）」は十分に熟成した赤ワイン、「紫色（ヴィオレ）」は若い赤ワインに用いられる言葉です。

その他

489

白ワインの味わいの官能表現チャートにおいて、(A) に該当する語句を1つ選んでください。

❶ 甘味
❷ 塩味
❸ 酸味
❹ 苦味

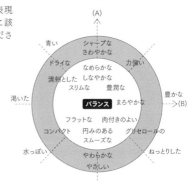

490

赤ワインの味わいの官能表現チャートにおいて、(A) に該当する語句を1つ選んでください。

❶ 甘味
❷ 酸味
❸ 収斂性
❹ アルコール

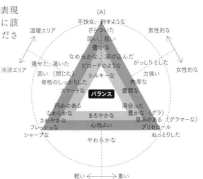

491

ワインの唎き酒用語で英語では「Velvety」、フランス語では「Velouté」と表現される用語の意味として正しいものを次の中から1つ選んでください。

❶ 円熟した
❷ 力強い
❸ 高貴な
❹ ビロードのような
❺ 濃縮した

492

基本的なワインの味わいの表現で「コクのある」に最も相応しいものを1つ選んでください。

❶ Astringent
❷ Corsé
❸ Léger
❹ Épicé

489 **3**

難易度 ■■□

出題頻度 ■■■

Check 1 2 3

【鑑賞表現】白ワインの官能表現チャートは縦軸に酸味、横軸に甘味を表わしています。酸味は「やさしい」「やわらかな」「スムーズな」「円みのある」「しなやかな」「なめらかな」「さわやかな」「シャープな」と徐々に強くなります。一方、甘味は「渇いた」「まろやかな」「豊かな」と強くなり、アルコールによるボリューム感も甘味に寄与します。中心部はバランスが取れており、辺縁部は突出した要素があることを表わします。

490 **3**

難易度 ■■□

出題頻度 ■■■

Check 1 2 3

【鑑賞表現】赤ワインの官能表現チャートは収斂性（タンニン）、酸味、甘味の三角形で表わされます。垂直方向にタンニンが「やわらかな」「心地よい」「まろやかな」「シルキーな」「ビロードのような」「なめらかな、溶け込んだ」「豊かな」「固い、粗い」「収斂性のある、ざらついた」「不快な、刺すような」と徐々に強くなります。三角形で囲まれた中心部はバランスが取れており、辺縁部は突出した要素があることを表わします。

491 **4**

難易度 ■■□

出題頻度 ■□□

Check 1 2 3

【鑑賞表現】テクスチャ（質感）を表現する用語で、なめらかなテクスチャを持つ時に「ヴェルヴェッティ」「ヴルーテ」という用語を使います。選択肢1はMûr（ミュール／仏）やRipe/Mature（ライプ／マトゥア／英）、同3はNoble（ノーブル／仏）やNoble/Dignified（ノーブル／ディグニファイド／英）、同5はConcentré（仏）やConcentrated（コンセントレイティッド／英）を使います。

492 **2**

難易度 ■■□

出題頻度 ■■□

Check 1 2 3

【鑑賞表現】「コクのある（コルセ）」は味わいの個別の要素を表わすのではなく、しっかりとしていて深みがある時に用いる言葉です。収斂性のある（アストランジャン）」はタンニンが豊富で、頬や歯ぐきが引き締まる感覚を表現する言葉です。類義語で「ねっとりとした、脂っぽい（Gras／グラ）」や「しっかりとした（Charpenté／シャルパンテ）」などがあります。その対義語が「軽い（レジェ）」となります。「スパイシーな（エピセ）」は香辛料（Epice／エピス）の形容詞になります。

その他

493

一般的なワインサービス手順に関する記述で、一番最後に行うサービスを1つ選んでください。
❶ ホストへのワインサービス
❷ ホストのテイスティング
❸ ソムリエのテイスティング
❹ メインゲストへのワインサービス

494

ワインの温度に関する記述として最も適切なものを1つ選んでください。
❶ 温度を上げると果実香など第1アロマが際立つ
❷ 温度を下げると味わいがドライな印象となる
❸ 温度を上げるとバランスがよりスマートになる
❹ 温度を下げると甘味が強くなる

495

次のワインの中からお客様に「赤ワインを冷やして飲みたい」と言われた場合、お勧めするのに最も相応しいものを1つ選んでください。
❶ Madiran 2002
❷ Anjou Rouge 2002
❸ Bandol Rouge 2002
❹ Côte Rôtie 2002

496

ワインの温度に関する用語で「Frappé（フラッペ）」に該当する温度帯を1つ選んでください。
❶ 0℃〜 2℃
❷ 4℃〜 6℃
❸ 8℃〜 10℃

497

空気接触（開栓後）により、最も期待できる効果を1つ選んでください。
❶ 酸味が強まる
❷ 複雑性が強まる
❸ 還元による影響が強まる
❹ フレッシュ感が強まる

498

次の記述の中から、ワインクーラーを使用したワインのサービスでの留意点で正しいもの1つ選んでください。
❶ 切り取ったキャップシールは、ワインクーラーの中へ入れてもよい
❷ 空のボトルはワインクーラーに逆さまにしてお客様に分かるようにする
❸ ワインの銘柄にかかわらず、常に氷はたっぷり入れておく
❹ 温度に注意して、下がり過ぎないように注意する

493 ❶

難易度 ■■□
出題頻度 ■■□
Check 1 2 3

【サービス】抜栓後の流れとしては、①ソムリエのテイスティング ②ホストのテイスティング ③お客様へのワインサービス、となります。とくにお客様へのサービスでは、メインゲスト（主賓）や女性からサービスを始め、最後にホストへのワインサービスを行います。また、ソムリエのテイスティングを行う際も、ホストの了解を得た後、少量で味をチェックしなくてはなりません。

494 ❷

難易度 ■■□
出題頻度 ■■□

【サービス】供出温度を下げると、①フレッシュ感が際立つ ②果実味など第1アロマが際立つ ③（ワインによっては）第2アロマが際立つ ④味わいがドライな印象となる ⑤酸味がよりシャープな印象となる ⑥バランスがよりスマートになる ⑦苦味、渋味が強く感じられる、といった変化があります。逆に温度を上げると、それぞれが反対の印象となります。

495 ❷

難易度 ■■□
出題頻度 ■□□
Check 1 2 3

【サービス】赤ワインを冷やして飲むには、果実味が豊かで軽やかなものを選びます。選択肢の1は南西地方・タナ主体、3はプロヴァンス地方・ムールヴェドル主体、4はローヌ地方・シラー主体はいずれも重厚で力強くタンニンがしっかりしているので、低温には適せず14〜16℃が理想です。よってこの問題では、ロワール地方の2が適しているということになります。

496 ❷

難易度 ■■□
出題頻度 ■■□
Check 1 2 3

【サービス】ワインの温度帯を表す用語として、氷水で冷やしたフラッペのほか、「室温」と呼ばれるシャンブレ（Chambré ／ 16〜18℃）などがあります。18℃の白ワインを氷水で冷やすと、3分で12.2℃、7分で10℃、11分で8℃になります。一方、12℃の赤ワインを23℃の部屋に放置すると、30分で14.7℃、60分で16.5℃、105分で18℃、180分で20℃になります。一般的にデイセラー（カーヴ・ド・ジュール）では、白が10℃前後、赤が15℃前後に設定されます。

497 ❷

難易度 ■■□
出題頻度 ■□□
Check 1 2 3

【サービス】ワインは開栓しただけではほとんど変化は起きないと言われています。空気接触を行うには、グラスに注ぐ、またはカラフェやデカンターなど別の容器に移すことにより始まります。空気接触の効果としては、①還元による影響が弱まる ②第1アロマが上がる ③第2アロマが下がる ④樽香が強まる ⑤複雑性が強まる ⑥味わいの広がり、ふくよかさが強調され、全体のバランスがとれる ⑦渋味が心地良い印象となる（タンニンの量は変化しない）、など。

498 ❹

難易度 ■■■
出題頻度 ■□□
Check 1 2 3

【サービス】氷よりも水の方が熱伝導率は高いので、ワインクーラーは氷だけでなく、氷水で満たすことが大切です。液面の高さまでボトルを浸すと、よく冷えます。また、ボトルを回す、あるいは小さなカラフェなどに小分けにして冷やすと、急速に温度が下がります。ワインのタイプにより適温が異なるので、冷やしすぎないようにするのが美味しさを保つポイントになります。

その他

499

デカンタージュをする際、リンスをする主な目的として正しいものを1つ選んでください。
❶ カルキ臭除去とよごれ落とし
❷ ワインの味見をするため
❸ 酸化を促すため
❹ 香りを広げるため

500

次の記述の中から、パニエを使用した赤ワインのサービスとデカンタージュで正しいものを1つ選んでください。
❶ ワインセラーに寝かされていたボトルを客席まで運んだ後パニエに入れる
❷ コルクにコルクスクリューを差し込んでゆき、一気に引き上げる
❸ ホストの了解を得、お客様と同量のワインをテイスティンググラスに注ぎチェックする
❹ ワインをテイスティンググラスに注ぎ香りを嗅いで健全であることを確認し、デカンタにワインを移す

501

スクリューキャップの利点として、適切でないものを1つ選んでください。
❶ 垂直保存が可能である
❷ 開けやすく閉じやすい
❸ 散発的な酸化の恐れがない
❹ 保管場所の湿度に影響を受けやすい

502

次のA〜Eのワインをサービスする場合、サービス順序として正しいものを次の中から1つ選んでください。

A) Franciacorta Bianco 2000　　B) Rioja Gran Riserva Tinto 1975
C) Barossa Valley Shiraz Cabernet 2000
D) Hermitage Blanc 1998　　　E) Tokaji Aszú 6 Puttonyos 1981

❶ A→D→C→B→E　❷ E→D→C→B→A　❸ A→D→B→C→E

503

ワイン系アペリティフを1つ選んでください。
❶ Dubonnet
❷ Berger
❸ Ouzo
❹ Ricard

504

次の飲み物の中から食前酒として適している組み合わせを1つ選んでください。

A) Lillet　B) Fine Champagne　　C) Champagne Framboise
D) Campari Soda　E) Drambuie　F) Alexander
G) Dubonnet　H) Fine Bourgogne

❶ A B D G　　　　❷ A C D G
❸ B C D G　　　　❹ C D F G

499 ①

難易度 ■■□
出題頻度 ■■□
Check 1 2 3

【サービス】デカンターを使用する場合、カルキ臭除去と汚れ落としを目的として、ワインでリンス（共洗い）を行うことがあります。その手順としては、①テイスティンググラスにテイスティングの分量のワインを入れ、デカンターに移してデカンター内部をリンスする ②そのワインを再びテイスティンググラスに戻しテイスティングを行う、となります。

500 ④

難易度 ■■■
出題頻度 ■□□
Check 1 2 3

【サービス】パニエを使用した赤ワインのサービスでは、セラーでボトルをパニエに入れて顧客のところへ運び、プレゼンテーションをします。その後、必要な備品類を準備し、抜栓を行います。古いワインの場合、コルクは傷んでいる可能性があるので、ゆっくりと引き上げます。テイスティングはあくまでも品質の確認なので、控えめな量で行います。パニエを使用した赤ワインのサービスは、ソムリエ試験の二次試験の実技の課題にもなっています。

501 ④

難易度 ■■■
出題頻度 ■■□
Check 1 2 3

【サービス】スクリューキャップはアルミニウム合金でできたキャップ、内面の厚さ2mmほどの多層ライナーで構成されています。最近は気密性が改良され、熟成を必要とする高級ワインにも使用することができます。正解を除く選択肢に加え、①コルク臭やコルクくずが発生しない ②コルクの割れや漏れが起こらない ③ブドウの風味を損なわない ⑥熟成が可能である ⑦長期にわたりワインの品質が変わらない、という利点があります。

502 ①

難易度 ■■■
出題頻度 ■■□
Check 1 2 3

【サービス】ワインをサービスする際の順番の基本は①泡→白→赤→甘口 ②ライトボディ→フルボディ ③気軽→格式、となります。また、長い熟成を経た古酒などは後にサービスします。このような食事や飲み物の組み立て問題は定期的に出題されていますので、注意が求められます。

503 ①

難易度 ■■■
出題頻度 ■■□
Check 1 2 3

【食前酒・食後酒】デュボネは赤ワインにキナの樹皮を浸漬したフレーヴァードワイン（アルコール16度）。ベルジェは南仏の特産品アニゼットのひとつで、蒸留酒にアニスやリコリスなどの薬草類を浸漬したリキュール（同25度）。ウーゾはギリシアなどで造られるリキュールで、グレープスピリッツにアニスなどを浸漬したもの（同40度）。リカールはアニゼットのひとつで、蒸留酒にアニスやリコリスなどの薬草類を浸漬したリキュール（同45度）。

504 ②

難易度 ■■■
出題頻度 ■■■
Check 1 2 3

【食前酒・食後酒】食前酒の目的は食欲増進、消化促進も含まれます。酸味や苦味を含んだもの、甘味がほどよく抑えられているもの、アルコール分が比較的低いものが適しています。この問題ではワインにハーブとフルーツをブレンドしたリレ、カンパリと炭酸水のカクテルのカンパリ・ソーダ、スピリッツを加えた赤ワインにキナ皮などで香り付けし、樽熟成させたデュボネなどが食前酒として適切です。

その他

505 次のアペリティフの中からヴェルモット系以外のものを1つ選んでください。
❶ Cinzano
❷ Martini
❸ Chambery
❹ Ricard

506 次のアペリティフの中からアニス系以外のものを1つ選んでください。
❶ Pernod
❷ Noilly Prat
❸ Pastis 51
❹ Ouzo

507 次のアペリティフの中からキンキナ系（キニーネ）以外のものを1つ選んでください。
❶ Dubonnet
❷ Lillet
❸ Martini
❹ Saint Rafael

508 食後酒として提供される V.D.N. の中からコート・デュ・ローヌ地方で生産されるものを1つ選んでください。
❶ Maury
❷ Banyuls
❸ Muscat de Beaumes-de-Venise
❹ Rivesaltes

509 シャンパーニュのボトルサイズ Salmanazar の容量を1つ選んでください。
❶ 4500mℓ
❷ 6000mℓ
❸ 9000mℓ
❹ 1万2000mℓ

510 ボルドーのボトルサイズで、Jéroboam の容量を1つ選んでください。
❶ 3000mℓ
❷ 4500mℓ
❸ 6000mℓ
❹ 9000mℓ

505 ④

難易度 ■■■
出題頻度 ■■□
Check 1 2 3

【食前酒・食後酒】ヴェルモットは白ワインをベースにして、ニガヨモギなどの香草類やスパイスなどで風味付けをしたもの。代表的ブランドとしては、チンザノやマルティーニ（いずれもイタリア産）、シャンベリー（フランス産）などがあります。一方、リカールは中性スピリッツに甘草（リコリス）を浸漬したアニス系リキュール（アニゼ／Anisé）です。これらの食前酒は普段なじみのない方もいると思いますが、面白い原料が使われているので、愉しみながら確認していくと良いでしょう。

506 ②

難易度 ■■■
出題頻度 ■□□
Check 1 2 3

【食前酒・食後酒】アニゼ（Anisé）はセリ科の一年草アニスの種子で風味を付けたリキュールの総称で、白色アニス、カラーアニス、パスティス、アニゼットのタイプがあります。各種料理の香辛料にも使われるような特徴的な風味があり、二次試験の試飲に出題されることもあるので、風味も確認しておくのが望ましいでしょう。ノイリー・プラットはヴェルモット（白ワインに香草で風味付けを行ったフレーヴァードワイン）です。アペリティフは有名銘柄が何のグループに属するかを把握しておきます。

507 ③

難易度 ■■■
出題頻度 ■□□
Check 1 2 3

【食前酒・食後酒】キンキナ系（Quinquina）とはアカネ科の樹・キナ皮を浸して造られるフレーヴァードワインです。デュボネ、リレ、サン・ラファエルは代表的なものです。マルティーニはイタリア産のヴェルモット。同じフレーヴァードワインですが、混同しないように確認しておきましょう。

508 ③

難易度 ■■■
出題頻度 ■■□
Check 1 2 3

【食前酒・食後酒】食後酒として多用されるものとして、コニャックやカルヴァドスなどの蒸留酒、ポルトやマデイラ、ヴァン・ドゥー・ナチュレルなどの酒精強化酒があります。とくに南仏ではバニュルスをはじめとする、数多くの銘柄が産出されています。選択肢のうち、ミュスカ・ド・ボーム・ド・ヴニーズはローヌ川流域地方のもので、残りはラングドック・ルーション地方のものになります。

509 ③

難易度 ■■□
出題頻度 ■■■
Check 1 2 3

【その他】シャンパーニュのボトルの名称と容量は以下の通り。Quart（カール／188mℓ）、Demie-Bouteille（ドゥミ・ブテイユ／375mℓ）、Bouteille（ブテイユ／750mℓ）、Magnum（マグナム／1500mℓ）、Jéroboam（ジェロボアム／3000mℓ）、Réhoboam（レオボアム／4500mℓ）、Mathusalem（マチュザレム／6000mℓ）、Salmanazar（サルマナザール／9000mℓ）、Balthazar（バルタザール／1万2000mℓ）、Nabuchodonosor（ナビュコドノゾール／1万5000mℓ）。ボルドーとは名称や容量が違うので、ともに確認が必要です。

510 ②

難易度 ■■□
出題頻度 ■■□
Check 1 2 3

【その他】ボルドーのボトルの名称と容量は以下の通り。Demi-Bouteille（ドゥミ・ブテイユ／375mℓ）、Bouteille（ブテイユ／750mℓ）、Magnum（マグナム／1500mℓ）、Double-Magnum（ダブル・マグナム／3000mℓ）、Jéroboam（ジェロボアム／4500mℓ）、Impérial（アンペリアル／6000mℓ）。ボルドーのボトルサイズと名称はシャンパーニュとは異なります。ジェロボアムのように、同じ名称でもサイズが異なるものは注意が必要です。

その他

511 次の中からぶどう畑の広さを表す単位で1エーカー（acre）に該当するもの
を1つ選んでください。
❶ 約 64m × 64m
❷ 約 45m × 45m
❸ 約 55m × 55m
❹ 約 74m × 74m

512 1トノー（Tonneau）の容量を1つ選んでください。
❶ 400ℓ
❷ 600ℓ
❸ 900ℓ
❹ 1200ℓ

513 公衆衛生の飲酒に関する記述の（　）に該当するものを1つ選んでください。

アルコールの大部分は、肝臓で代謝され、（　）を経てアセテート（酢
酸）に分解される。

❶ アミノ酸　　　　　❷ アセトアルデヒド
❸ アセチルコリン　　❹ アスタキサンチン

514 日本においてワインに使用が認められている食品添加物を1つ選んでください。
❶ メタ酒石酸
❷ 安息香酸
❸ エチレングリコール
❹ 二酸化硫黄

511 ❶

難易度 ■■□
出題頻度 ■■□
Check 1 2 3

【その他】1エーカーは約64 m×64 m≒4047㎡。普段あまり馴染みのない単位を答える問題を出されることもあります。記憶は大変ですが、頻繁に使用する単位だけに、おおよその数字だけでもおさえておきたいものです。また、1ヘクタール（ha）は100m×100m＝1万㎡となります。

512 ❸

難易度 ■■□
出題頻度 ■■■
Check 1 2 3

【その他】ワインや果汁を入れる容器にもさまざまな容量があり、いろいろな名前が付けられています。最も有名なものにはボルドーなどで使われるバリック（容量225ℓ）があり、ほぼ同じ大きさでもブルゴーニュはピエス（228ℓ）と呼びます。また、ボルドーでは果汁を売買する時に使用される容器をトノーと呼びます。これより大きなものでは、ドイツで使われているフーダー（1000ℓ）、シュトゥック（1200ℓ）などがあります。

513 ❷

難易度 ■■□
出題頻度 ■■□
Check 1 2 3

【公衆衛生】アルコールは胃から約20％、小腸から約80％が吸収されます。アルコールの大部分は肝臓で代謝され、アセトアルデヒドを経てアセテート（酢酸）に分解されます。アセテートは血液を介して全身の筋肉や脂肪組織で水と二酸化炭素に分解され、体外に排出されます。また、摂取アルコールの2〜10％がそのまま尿や汗、呼気から排出されます。悪酔いや二日酔いは、アセトアルデヒドが分解されないで体内に残存したことにより起きます。

514 ❹

難易度 ■■■
出題頻度 ■■□
Check 1 2 3

【食品保健】食品添加物（2014年8月、指定添加物443品目）は化学的合成品だけでなく、天然物も含まれます。過剰摂取による影響が生じないように、品目ごとに成分規格や食品ごとに使用基準が定められています。原則として食品に使用した添加物は表示が義務付けられています。ワインでは保存料としてソルビン酸（ソルビン酸塩含む）、酸化防止剤として二酸化硫黄や亜硫酸塩など、甘味料としてアセスルファムカリウムなどが認められています。

斉藤研一 Kenichi Saito

IMADEYA SAKE コンシェルジュ。長年にわたり、ワインスクール主宰としても活躍。著書に「改定新版 ワインの基礎力 80 のステップ」「ワインの用語 500」「世界のワイン生産者 400」（以上、小社刊）のほか、「珠玉のワイン BEST100」（宝島社）など。BS ジャパンのテレビ番組「斉藤研一のワイン入門」にも出演、DVD も発売している。

出題傾向まるわかり
ワインの試験問題集
2020/21

発行日▶2020年3月16日　第1刷

著者▶斉藤研一

デザイン▶奥定泰之（オクサダデザイン）

図版▶尾黒ケンジ

編集▶杉本多恵（ロッソ・ルビーノ）＋ 滝澤麻衣（美術出版社）

DTP▶アド・エイム 小林達也

印刷・製本▶シナノ印刷株式会社

発行人▶遠山孝之、井上智治

発行▶株式会社美術出版社
〒 141-8203 東京都品川区上大崎 3-1-1
目黒セントラルスクエア 5 階
［電話］03-6809-0318（営業）／ 03-6809-0572（編集）
［振替］00110-6-323989

ISBN 978-4-568-50644-0　C0070

https://www.bijutsu.press
©2020 Kenichi Saito　Printed in Japan

乱丁・落丁本がございましたら、小社宛にお送りください。送料負担でお取り替えいたします。本書の全部または一部を無断で複写（コピー）することは著作権法上での例外を除き、禁じられています。